CONTENTS

世界の軍装図鑑

The MILITARY UNIFORMS of the World

この世界に制服は数あれど、軍装（ミリタリーユニフォーム）ほど形と機能の融合を
追求しているデザインはないだろう。
また軍装は、それぞれの軍隊の個性や時代の状況を示すものでもある。
第二次世界大戦から現代まで、
各国の軍隊の戦闘服・礼服・個人装備から階級章・徽章まで、
苛烈にして美しい軍装の魅力に迫る！

akken

The MILITARY UNIFORMS of the World

“GROUND FORCES”

第1章

陸軍

「陸軍」は軍隊の基本であり、かつては軍隊＝陸軍であった。
やがて人類の戦いの舞台は海へ空へと大きく広がったが、
現代でも陸上での戦闘を主任務とする陸軍の存在感は揺るがないし、
どんなに車両や通信が発達しても、歩兵の重要性は変わらない。
長い歴史を持つ陸軍は、その軍装にも各国の独自性が強くうかがえる。
本章では、第二次世界大戦から21世紀の最新装備も含めた
各国陸軍のユニフォームと海兵隊の陸戦装備を詳解しよう。

80万人の将兵を擁する巨大軍事組織

アメリカ陸軍

アメリカ陸軍は常備軍・予備軍・州兵から構成され、約80万人の将兵が所属する。その制服（サービスユニフォーム／勤務服）にはアーミーグリーンユニフォーム、アーミーホワイトユニフォーム、アーミーブルーユニフォームがあった。

2000年代に入って経費の削減や将兵の経済的な負担を軽減するため、陸軍は制服の簡素化を図り、2014年までにアーミーホワイトユニフォームを、2015年までにはアーミーグリーンユニフォームを廃止している。現在ではアーミーブルーユニフォームのみが残され、ブルーASU（ブルーアーミーサービスユニフォーム）としてセレモニーから通常の勤務にまで使用されている。黒の蝶ネクタイを付け勲章を佩用《はいよう》することで儀礼用ユニフォームとして、また通常の黒のタイと略綬《りゃくじゅ》を付けることで勤務用ユニフォームとして着用するというように、基本となる服装を替えることなく状況にあわせて使用できるようになっている。

アーミーブルーサービスユニフォーム

イラストはアーミーブルーサービスユニフォームを着用した男性将校（大尉）と女性将校（中尉）。基本的に職種徽章（きしょう）は制服の襟に、勲章・勲章略綬および各種資格徽章は左胸に、ユニットアワードや外国の軍隊の資格章、記念章などは右胸に、各種タブや部隊章は左腕にそれぞれ装着する。

❶男性将校用制帽（ハットバンド部分は歩兵を示すライトブルーの網組に金の帯、顎ひもは金色。少佐以上は鍔（つば）にオークの葉をデザインした飾りが付く）、❷制服上着（襟型がピークドラペル、シングルブレステッドの前合わせ、両胸にフラップ付きパッチポケット、両腰部にフラップ付きポケットの4つボタン式で、黒のジャケット。下に白のワイシャツと黒のタイを着用する）、❸トラウザーズ（濃紺色で両サイドに金色の帯が付いている）、❹黒革オックスフォードブーツ、❺女性将校用制帽（女性用制帽には兵科色は付かない）、❻制服上着（襟型がパルカラー、シングルブレステッドの前合わせ、プリンセスラインとサイドダーツを組み合わせた黒のジャケット。両腰部にフラップ付きスラントポケットが付く。ジャケットの下は白のブラウスと黒のリボンを着用する）、❼黒のスカート（女性はスラックスの着用も可）、❽黒のパンプス。

ⓐ階級章（大尉）、ⓑ US襟章、ⓒ職種徽章（歩兵科）、ⓓユニットアワード、ⓔネームプレート、ⓕ部隊徽章、ⓖ善行章、ⓗパラシュート徽章、ⓘパスファインダー徽章、ⓙ略綬、ⓚ歩兵戦闘徽章、ⓛアームバンド（金線の間が兵科色になっている）、ⓜ階級章（中尉）、ⓝ職種徽章（飛行科）、ⓞ操縦士徽章

アメリカ陸軍の階級章

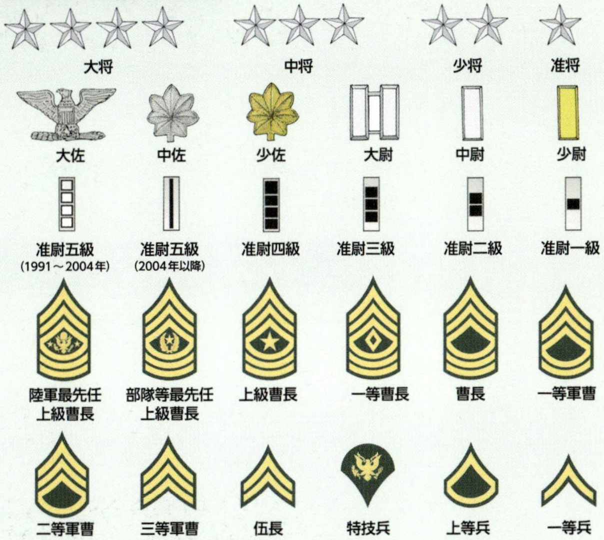

ベレーと旧型のグリーンユニフォームを着用した陸軍将校。一般隊員用の黒いベレーには陸軍フラッシュ(青色の台地の周囲に複数の星を配置したデザインのワッペン)が縫い付けられており、そこに将校は階級章、下士官・兵は部隊徽章を付ける。グリーンベレーや空挺部隊などの資格を有する者のみが着用できるベレーでも徽章類の着用法は同じ。

アメリカ陸軍の職種徽章

戦闘歩兵徽章

実戦において戦功をあげた歩兵科の兵士に授与。授与条件により4種類ある

操縦士徽章

所定の航空機操縦訓練を受け、操縦資格を獲得した兵士に授与される。操縦経験により3種類ある

パラシュート徽章(基本)

所定のパラシュート降下訓練を受け、降下資格を獲得した兵士に授与。降下経験により3種類ある

パスファインダー(降下誘導員)徽章

作戦地域に先行降下して隠密偵察や戦術情報の収集、後続する味方部隊の誘導などの任務に従事する訓練を受け、資格を獲得した兵士に授与

戦闘活動徽章(基本)

戦闘歩兵徽章授与の対象にならない歩兵以外の兵士も含み、敵との戦闘で戦功をあげた者に授与される。授与条件により4種類ある

最も実戦経験を積んだ陸軍の迷彩戦闘服

戦闘や作業の際に着用するのが戦闘服で、今日では迷彩服が一般的である。現在のアメリカ陸軍の迷彩戦闘服はACU（アーミーコンバットユニフォーム）と呼ばれ、1980年代から使用されてきたBDU（バトルドレスユニフォーム）に替わるものだ。2004年に採用された最初のACUはコンピュータ設計によるデジタル迷彩パターン（タンの地に2色のグリーンのドットが入る）のUCP（ユニバーサルカモフラージュパターン）だった。

しかし、2001年に始まったアフガニスタン紛争で、実戦においてUCPにあまり効果がないと判明。2010年には新しいOCP（不朽の自由作戦迷彩パターン）が試験的に採用された。2014年にアメリカ陸軍はOCPをオペレーショナルカモフラージュパターンとして制式採用。2015年からACUの迷彩はOCPに統一されることになったが、予算などの関係で2016年前半の段階では一部の部隊でまだUCPの戦闘服を使用している。

ACSおよびACP

砂漠や熱帯地など高温や多湿の環境でボディアーマーを着用することは、兵士にとって大きな負担（ヒートストレス）となる。そこでボディアーマーの下に戦闘服ではなく、通気性・吸湿性・速乾性の高い素材のシャツを着る方法が考案された。ACS（アーミーコンバットシャツ）とACP（アーミーコンバットパンツ）がそれで、2007年から支給が始まった。ACSはコットンとレーヨンを主に、スパンデックスとポリエステルを加えた素材で作られている。ACPはパーツとして膝パッド（ゴムのような弾性を持つ素材で作られたプロテクター）をパンツに組み込んであるのが特徴で、イラストのようにパンツの膝部分に開けられた穴から膝パッドを挿入して*ベルクロで固定する。ACPの後面にはフラップ付きのヒップポケットが2つ付いている。

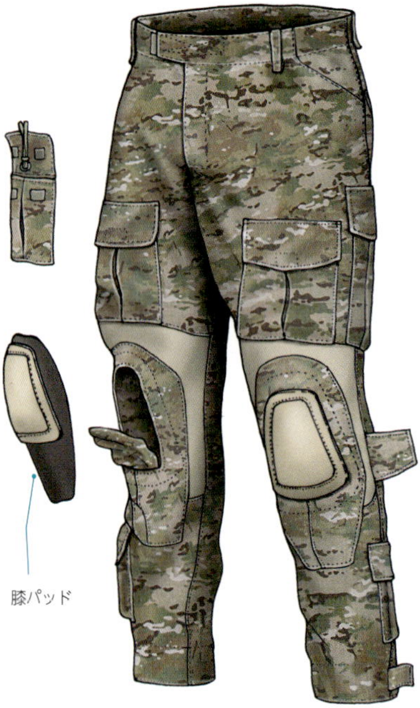

［右］1981年に採用されたウッドランド・パターンのBDU（制式名称はM81BDU）は、アメリカ陸海空軍と海兵隊で2005年まで使用された。写真はBDUを着用した空軍のドッグハンドラー（軍用犬を扱う兵士）。
［左］ACSとACPを着用したレンジャー隊員。ACPはACUのパンツに較べコストが高いためか、特殊部隊やレンジャー部隊で使用されている。

＊ベルクロ＝正式名称はフックアンドループ。面ファスナー。

ACU（アーミーコンバットユニフォーム）

◀ UCPのACU

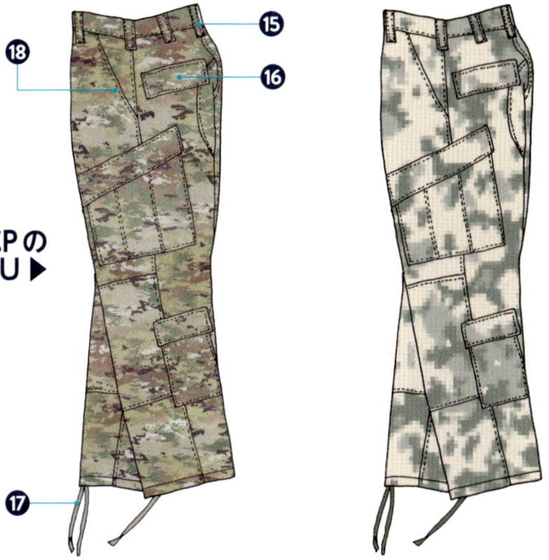

OCPのACU ▶

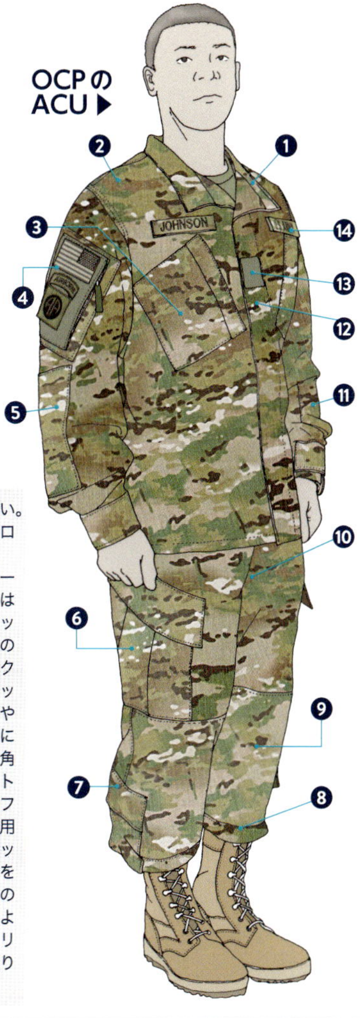

OCPのACU ▶

UCPとOCPは迷彩パターンが異なるが、ACUの基本デザインは変わらない。ジャケットとカーゴポケットパンツで構成され、素材はコットン50%、ナイロン50%の混紡で、*リップストップになっている。
❶ボディアーマー着用時に首回りが邪魔にならないようにチャイナカラー（スタンドカラー）を採用。カラーの開閉はベルクロ式。開襟にしてもACUは着用できる、❷背面肩部分にタック、❸ベルクロ開閉式の胸ポケット（フラップ付きパッチポケット）、❹表面にベルクロを貼った腕部ポケット。UCPのACUはフラップ付きポケットで、フラップとポケット本体にそれぞれベルクロが張られていたが、OCPのACUではジッパー開閉式に変更され、ポケット全体にベルクロが張られている。イラストのようにベルクロ部には国旗や部隊のパッチ、資格取得を示すショルダータブなどを装着する、❺肘部分には当て布がされウレタンパッドを挿入できる、❻カーゴポケット（開口部の角度が大きくなり、合わせてフラップも角度が付けられている。カーゴポケットの内側にはさらに小型ポケットがある）、❼脛部分サイドに付けられた小型フラップ付きポケット、❽膝パッド挿入部（ベルクロ開閉式）、❾膝部分は補強用の当て布が貼られており、膝パッドを挿入できる（肘部分と同じようにポケット状になっている）、❿パンツの開閉はボタン式（ボタンフライ）で、パンツをウエスト部分で固定するためのヒモが付いている、⓫ペンポケット、⓬上着の前合わせ部分はジッパー開閉式、⓭階級章取り付け用ベルクロ、⓮所属およびネームタグ取り付け用ベルクロ、⓯ベルトループ、⓰ヒップポケットはスリットポケット式でフラップが付いている、⓱裾部ひも（パンツの裾部分を絞り込むひも）、⓲フォワードポケット

＊リップストップ＝生地が破れても、網目状に編み込まれたナイロン繊維によってそれ以上裂け目が広がらない構造のこと。

21世紀のスタンダードとなった個人装備

1990年代後半から2000年代の始めにかけて、アメリカ軍の個人装備は大きく進化した。第二次大戦後の個人装備はM1956 LCE、ALICE、IIFS、MOLLEと更新されてきた。その間、ベトナム戦争、グレナダ侵攻、パナマ侵攻、湾岸戦争、ソマリア派兵、アフガニスタン戦争、イラク戦争など数多くの戦争や紛争に関わり、その経験を活かして他の兵器同様に個人装備にも改良を加えてきたのである。

PALSと呼ばれる装備のアタッチメントシステムを使ったMOLLEシステムは1990年代に開発され、1997年より本格的に導入されている。これによりPALSは現在個人装備の主流になっている。

アタッチメントシステム ▶

1990年代末にアメリカ軍の新型個人装備携行システムとして制式採用されたのが写真のMOLLEシステム。画期的だったのは、ウエビングテープを介して装備類を装着するPALS(ポーチアタッチメントラダーシステム)が使われていたことだ。MOLLEでは装備を装着する専用ベストも用意されていたが、インターセプターのようにウエビングテープを縫い付けたボディアーマーが登場すると、ほとんどの兵士はポーチなどの装備品を直接ボディアーマーに装着して携行するようになった。以後、ボディアーマーに限らずタクティカルベストやバックパックなど様々なものにウエビングテープが取り付けられるようになった。PALSと規格は異なるが、類似の装備を各国が採用している。)

ボディアーマー本体
鼠蹊部(そけいぶ)プロテクター

▼PALS

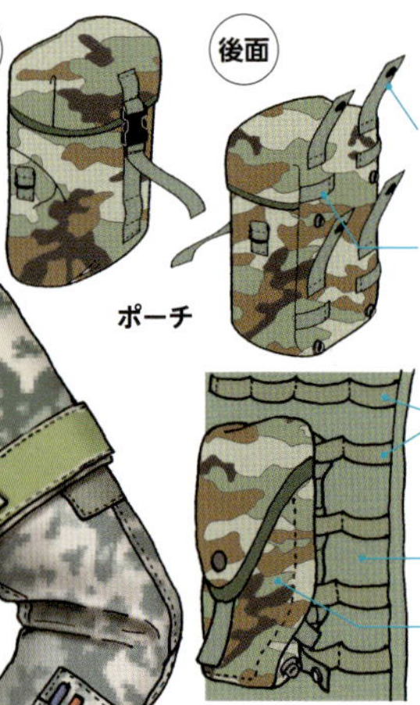
取り付け用ストラップ:プラットフォームのナイロンウエビングに通し、ポーチを固定するテープ
固定用ウエビング:ナイロンウエビングに通した後のストラップを通して、スナップで留めるスナップ
ナイロンウエビング:プラットフォームには幅1インチ(2.5cm)のウエビングテープが、上下1インチの間隔で縫い付けてある
プラットフォーム本体
装着されたポーチ

◀インターセプターボディアーマー

アメリカ陸軍が2000年代初めまで使用していたボディアーマーで、防弾繊維ケブラー製ベストの前面と後面にセラミックの追加装甲を挿入して抗弾力を向上させる方式(これがそれ以後のボディアーマーのスタンダードとなった)。ボディアーマーの表面にはウエビングテープが多数縫い付けられ、MOLLEシステムの各種ポーチ類を装着して携行できる。なお、ボディアーマーの防弾性能には年限があり、インターセプターは3年程度で劣化してしまう。

＊MOLLE = MOdular Lightweight Load-carrying Equipmentの頭文字。軽量で規格化された各種装備の携行システム。

◀アメリカ陸軍歩兵装備
（2000年代後半）

イラストはUCP迷彩のACU（戦闘服）と装備を着用した空挺部隊員。2004年に採用されたUCPはコンピュータ設計によるデジタル迷彩パターンで、様々な自然環境や地形に対応しつつ、発見された場合に印象に残りにくいことを重視して開発された。❶夜間暗視装置を装着したACHヘルメット（第三世代のスターライトスコープAN/PVS-14をマウントに取り付けて装着。月明かりの下、最大100mの距離でウェポンサイトとして使用可能）、❷インターセプターボディアーマー、❸携帯無線機（主に分隊内の交信に使用。分隊内の情報の共有や、より確実な指揮統率に役立つ）、❹マガジンポーチなどの各種ポーチ類（アタッチメントシステムでボディアーマーに装着）、❺M4AIアサルトライフル（ⓐエイムポインターとⓑAN／PEQ2を装着。AN/PEQ2はIRレーザー／IRイルミネーターで、赤外線レーザーの照射により暗視装置を装着したまま照準できる。レーザーは不可視なので敵に発見されにくい）、❻M9ハンドガン（ベレッタM92）とタクティカルホルスター、❼膝パッド、❽コンバットブーツ、❾ACUパンツ、❿ACUジャケット

ACHヘルメット

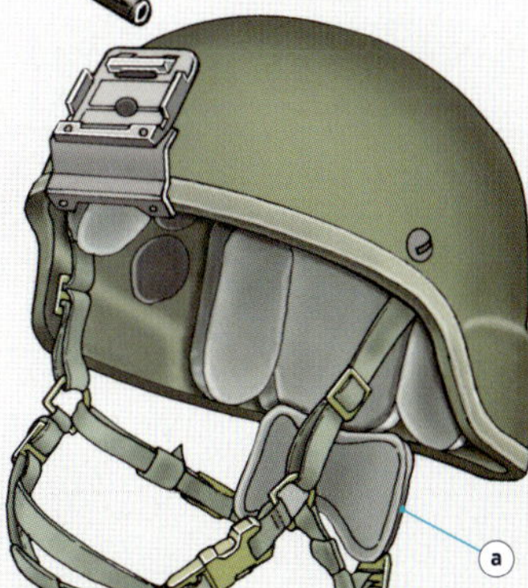

2000年代に入り、アメリカ軍では歩兵個人のレベルまで小型無線機が普及した。このためヘッドセットを着用したまま被れるMICHが開発された。MICHは特殊部隊やレンジャー部隊で使用され、やがてACH（アーミーコンバットヘルメット）として陸軍が制式採用した。拳銃弾の衝撃から頭を保護できるが、小銃弾に対する抗弾力はない。ACHは後頭部を防護する部分が少ないため、装着式のⓐネープパッド（後頭部プロテクター）が開発された。

進化するアメリカ陸軍の個人装備

現代の戦争は、第一次／第二次世界大戦時のように基礎訓練をした兵士に銃を持たせ、頭数をそろえれば戦えるというものではない。こんにちの軍隊では大金と時間をかけて、一人ひとりに高度な訓練を施して兵士を養成している。いわば兵士は貴重な財産であり、無駄に消耗させるわけにはいかなくなっているのだ。

アメリカ陸軍は兵士の生残性《サバイバビリティ》を左右する個人装備品の研究開発や改良に熱心であり、常に最新技術を導入して世界の軍隊をリードしている。その代表的な例がボディアーマーである。

モジュラー式ボディアーマーIOTV

2007年にアメリカ陸軍が採用したIOTV（インプルーブドアウタータクティカルベスト）は、装着式プロテクターや挿入式アーマープレートにより抗弾能力を向上できるモジュラー式ボディアーマーで、インターセプターボディアーマーの胴体両側部の防護不足改善のために開発された。腰部分にも重量が分散されるように設計され、従来型ボディアーマーのように肩に負担が集中しない。またクイックリリース機能により、兵士が負傷した際には簡単に脱がせられる。

▼IOTV Gen1（IOTV第1世代）

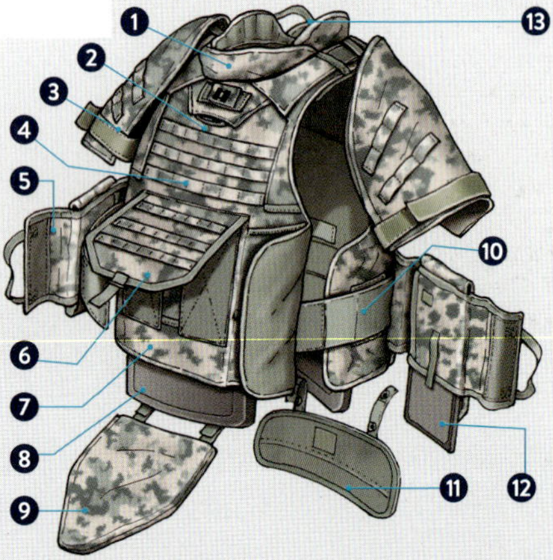

❶バリスティックカラー、❷クイックリリースハンドル、❸上腕部防護プロテクター、❹ウエビングテープ、❺サイドウイングアッセンブリー、❻フロントアクセスパネルフラップ、❼フロントキャリアー、❽強化型挿入式セラミックアーマー、❾鼠径部防護プロテクター、❿内側バンド、⓫下部バックキャリアー、⓬追加装甲サイドプレート、⓭キャリングハンドル

▼IOTV Gen2（IOTV第2世代）

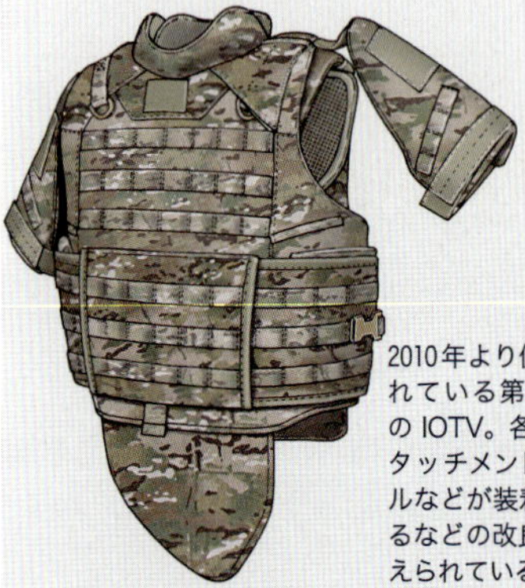

2010年より使用されている第2世代のIOTV。各種アタッチメントツールなどが装着できるなどの改良が加えられている。

▼IOTV Gen3（IOTV第3世代）

サイドウイングアッセンブリーのフロントキャリアーへの固定を2個のファステックス（プラスチック製の留め金）とベルトで行なうように改良された。

▶SPCS（ソルジャープレートキャリアシステム）

IOTVに追加装甲を加えた完全装備にすると重量が約13.6kgにもなるため、兵士に負担をかけないよう重量軽減を図ったもので、2010年より使用されている。IOTVとSPCSは状況に応じて使い分けられる。

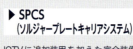

アメリカ陸軍歩兵最新装備(2013年~)

OCP迷彩の戦闘服および個人装備を着用した2013年以降のアメリカ陸軍歩兵将校(大尉)。アフガニスタンで*ISAF(国際治安支援部隊)の任務に従事した兵士の装備。

❶ ACHヘルメットおよびヘルメットカバー、❷暗視装置プレートアダプター、❸ハイドレーション(水分補給)システムのホース部、❹ M150 RCO(高度戦闘光学照準器)、❺ IOTV Gen3、❻ M4E2カービン、❼戦闘用グローブ(難燃性のノーメックス繊維やケブラー繊維を使用)、❽マガジンポーチ(トリプルマグポーチなど複数のマガジンポーチをIOTVのフロントアクセスパネルに装着している)、❾ストラップカッター(緊急時にハーネスなどを切るカッター。新型のファーストエイドキットIFAKに含まれている)、❿無線機ハンドマイク/スピーカー、⓫ ACUジャケット、⓬ POG(外装式股間防護用プロテクター)、⓭デザートコンバットブーツ(メーカーによって異なるが、本体アウター部分は革およびコーデュラナイロン製。ライナーは透湿性の高い素材が使われている)、⓮ ACUパンツ(カーゴポケットパンツ)、⓯ AN/PRC-154ライフルマンラジオ(次世代型歩兵携帯無線機)、⓰無線機アンテナ、⓱ LEDライトのアダプター、⓲シューティンググラス(抗弾機能を持つサングラス)、⓳ GPSアンテナ、ⓐ階級章(大尉)、ⓑ ISAFパッチ、ⓒレンジャー部隊ショルダータブ、ⓓ山岳部隊ショルダータブ、ⓔ第10山岳師団パッチ

▲ライフルマンラジオ

試験運用中の次世代型歩兵携帯無線機(矢印がアンテナ)。スマートフォンやタブレットと接続してメールや位置情報の送受信のほか、文字・画像・動画などのデータ通信もできる。これにより小隊全体でネットワークを構成し、効率的な戦闘が行なえる。使用周波数225~ 450MHz、1250~ 1390MHz、1755~ 1850Mhz、交信距離約2km。

＊ ISAF＝国連安保理決議により設立された国際治安支援部隊。2014年末に任務終了。

戦闘車両・ヘリ搭乗員用装備

戦闘車両やヘリコプターの搭乗員には、事故や被弾などにより常に火災の脅威がつきまとう。密閉された車内や機内でひとたび火災が起きると、乗員は緊急脱出を強いられることが多い。そのため搭乗員は一般兵士とは異なった専用の装備を着用する。また近年では搭乗員のデジタル化が図られている。

戦闘車両搭乗員用装備

右のイラストは戦車をはじめとする戦闘車両搭乗員をデジタル化するために開発されたマウンテッドソルジャーシステムを着用した戦車兵。❶CVC(コンバットビークルクルーマン)ヘルメット。戦闘車両搭乗員用のヘルメットで、ⓐヘッドセットと衝撃緩衝フォームが組み込まれた布製インナーヘルメットと耐弾機能を持たせたⓑケブラー製ヘルメットシェルで構成されている、❷HMD(ヘルメットマウンテッドディスプレイ)システム。ヘルメットにはHMDシステムが装着されており、右目部分のⓒ小型ディスプレイ装置に画像や地図など様々な情報を表示できる。ディスプレイ装置の制御はⓓコントローラーで行なう、❸SPCS。シェル部分にケブラー繊維を多層構造にしたソフトアーマーを挿入してある。必要に応じて追加装甲を挿入して抗弾能力を向上できる、❹CVCカバーオール。戦闘車両搭乗員用の耐熱・耐火機能を持つカバーオールで、難燃性のメタ系アラミド繊維製。背中部分には緊急時に車両から着用者を引っ張り出すためのエキストラクションハンドルが取り付けられている。高温地域では、カバーオールの下にマイクロクライメイト・クーリングユニットの冷却ベストを着用する。ⓔユニットの接続装置。❺AN/PRC-148マルチバンド無線機。VHF無線機で地対空交信機能を持っている。ⓕPTTスイッチなどとともにワイヤレス交信システムを構成する、❻タンカーブーツ。車両から緊急脱出する際に足が挟まるなどしてブーツを脱がねばならない時、ストラップを1か所切断すれば簡単に脱げる

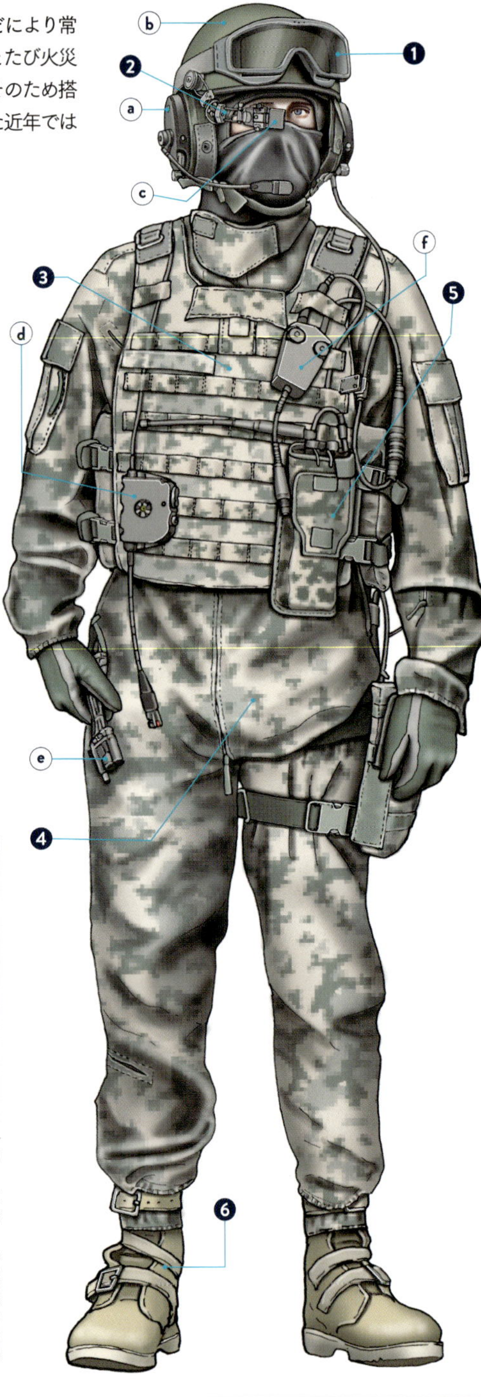

▶マイクロクライメイト・クーリングユニット

冷却水が内部を循環する冷却ベストにより皮膚温度を下げ、過度な発汗を防いで人体の主要部分の血液の循環を正常に保つ冷却システム。高温多湿の環境下で、密閉型衣類にちかい防護装備を着用する兵士のヒートストレス対策のため開発された。

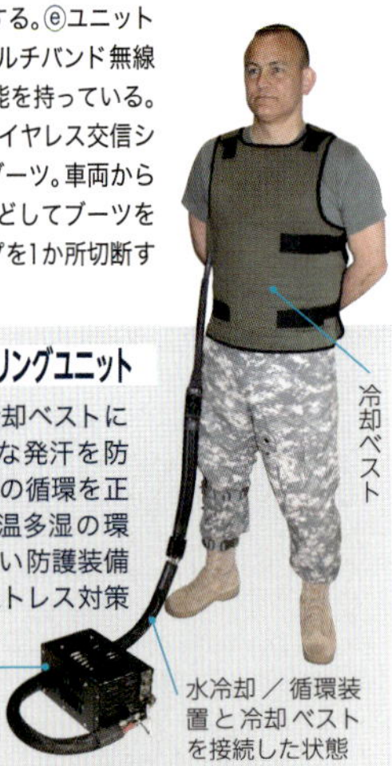
冷却／循環装置(流れる水の温度は約22度)

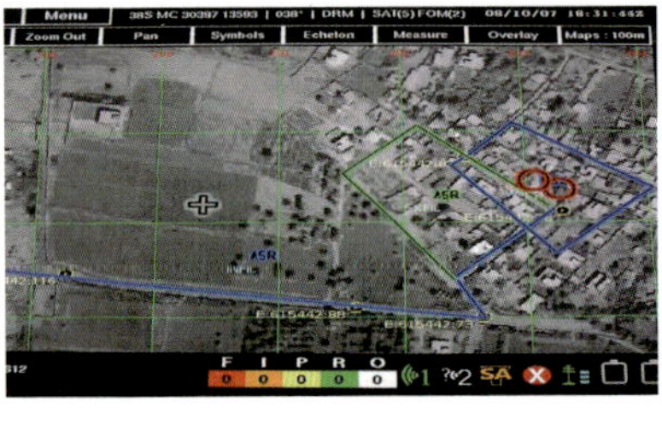

HMDに投影される画像の一例。あらゆるプラットフォームからの情報が投影できる。

ヘリクルー用装備

左のイラストはUH-60のパイロットの装備(基本的に陸軍のヘリクルー共通の装備)。
❶HGU-56Pヘルメット。バイザーはダークとクリアーの2枚のデュアル式。CEPと呼ばれる特殊な耳栓(一定の騒音やノイズを除去する一方、無線交信や機内での会話の音を増幅して聞きやすくする機能を持つ)を付けてヘルメットを着用、ⓐ暗視装置取り付け金具。双眼式で視界が広いANVIS-9オムニバスIII & IV(飛行中に暗視装置を着用したまま機外を見たり、低光量のコクピット計器や液晶ディスプレイを読み取ることができる)を取り付ける。ⓑブームマイク、❷IABDU(インプルーブドエアクルーバトルドレスユニフォーム)シャツ。ヘリ搭乗員用の戦闘服。いわゆるフライトスーツだがカバーオールではなく、上下セパレート式でACUに似たデザインになっている。素材には耐熱難燃性のメタ系アラミド繊維が使われている、❸IABDUパンツ。左内股部分にはシュラウドカッターを入れるⓔポケットが付けられている、❹デザートブーツ、❺PSCG(プライマリーサバイバルギアキャリア)。ⓒASEK(エアクルーサバイバルイーグレスナイフ)、ⓓシグナルプラットフォームを収納するポーチ、ⓕエジェクタースナップ(PSCGには不時着時に救難ヘリのホイスト装置で着用者を直接吊り上げるためのハーネスが組み込まれている。そのハーネスの固定金具)、ⓖ護身用のM4カービンのマガジンを収納するマガジンポーチ、ⓗホイスト装置取り付け用カラビナ、ⓘファーストエイドキットなどを収納するポーチ、ⓙUBD(アージェンシーブレシングデバイス)を収納するポーチ

PSCG ▶

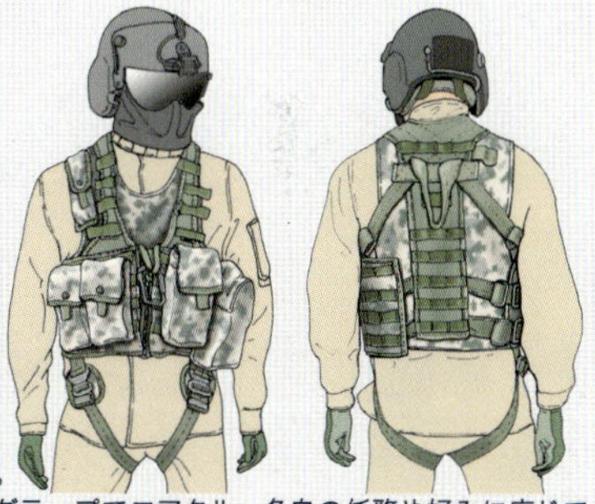

PSCGはサバイバルツールを収納したポーチ類を携行するためのキャリア(サバイバルベストの一種)で、メッシュ状のベストの上にMOLLEシステムのパネルを取り付けたような形状になっている。そのためウエビングテープでエアクルー各自の任務や好みに応じてMOLLEシステムの各種ポーチを装着できる。

ASEK ▶

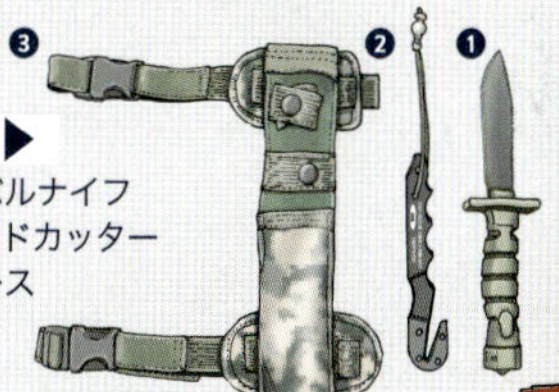

❶サバイバルナイフ
❷シュラウドカッター
❸収納ケース

◀ UBD

海上でヘリが不時着・沈没する場合に、クルーが機体から脱出するための酸素供給装置。

シグナルプラットフォーム ▶

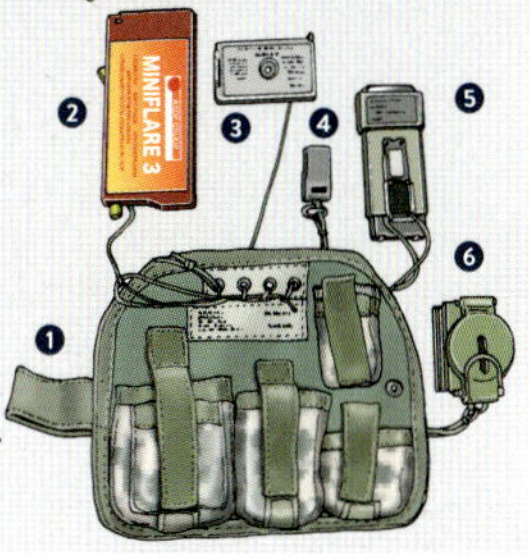

シグナルプラットフォームには、不時着した際に救出にきた味方に自分の位置を知らせるためのツールが収納されている。❶収納ケース、❷フレアランチャー(信号弾発射器。信号弾が装填されている)、❸シグナルミラー、❹ホイッスル、❺ストロボライト、❻コンパス。

長い伝統を受け継ぐ連合王国の陸軍

イギリス陸軍

イギリス陸軍は平時にも編制される常備軍と予備部隊の国防義勇軍に大別される。現在使用されている軍服は両軍計14種類あるが、基本はフルドレス、No.1ドレス、No.2ドレスの3種類。公式な儀式で着用するフルドレスは、歴史が古い近衛師団、王立騎兵隊、王立騎馬砲兵隊の将兵、およびそれぞれの部隊を構成する連隊の軍楽隊が着用する軍服で、デザインは19世紀からほとんど変わらない。

No.1ドレスは1950年代に準正装として採用された濃紺の軍服（ブルージャケットとも呼ぶ）で、フルドレスを着用しない部隊の将兵の正装でもある。そのため20世紀に入って創設された連隊はNo.1ドレスが正装になる。正装として使用する時には勲章を佩用する。詰襟式、シングルボタン、両胸と両腰部分にフラップ付きパッチポケットの付いたジャケット、赤い側線の入ったテーパードタイプのトラウザーズ、腰部分に赤い帯を巻いた制帽、黒革の短靴などで構成される。

下士官・兵用のNo.1ドレス。将校用と基本デザインは変わらないが、白いベルトを付け、黒いアンモブーツを履く。連隊によっては独自のNo.1ドレスを着用している場合がある。

イギリス陸軍の階級章

イラストは主にNo.2ドレスに装着する階級章。
また兵長（一等兵）の下の二等兵には階級章がない。

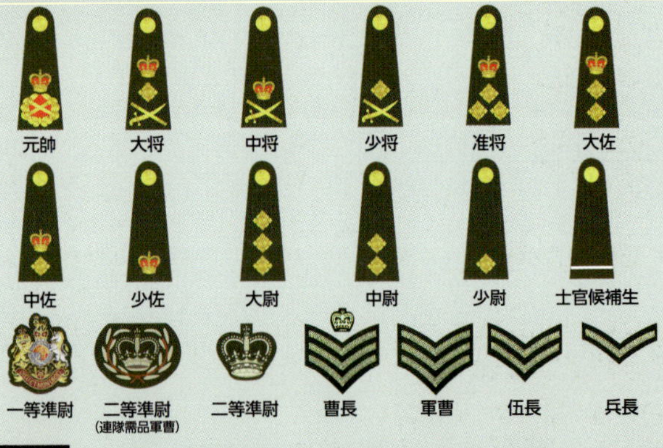

階級略章

階級略章は戦闘服などに装着するものでロービジ（低視認性）となっている。

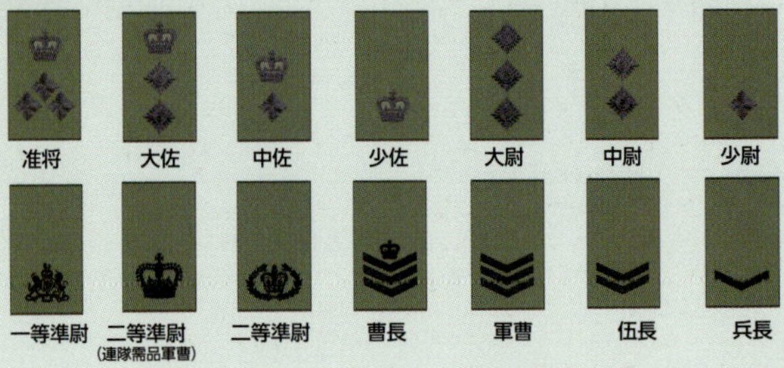

フルドレス

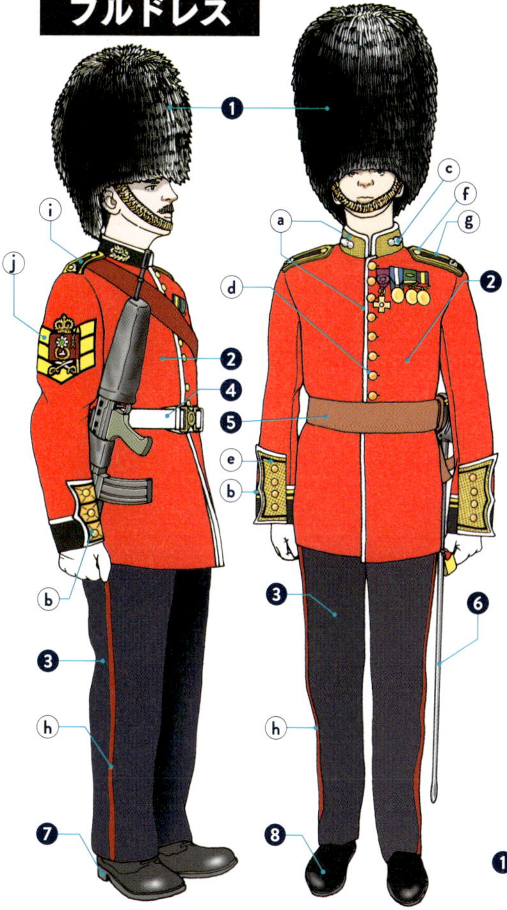

世界で最も有名な軍服のひとつ

イラストは陸軍近衛師団旗下の歩兵連隊であるスコッツガーズの下士官(軍曹・左)とグレナディアガーズの将校(少佐・右)。❶ベアスキンハットの制帽、❷赤い詰襟式のチュニックと❸濃紺のスラックスという組み合わせ。ベアスキンハットは将校用はカナダ産ブラウンベア、下士官および兵用はカナダ産ブラックベアの毛皮が使われ、連隊によっては羽飾りが付く。チュニックはシングルボタン式の上衣で、詰襟の襟縁および前合わせのアウトラインにⓐ白のパイピングが施され、袖にはⓑ金糸刺繍の袖飾りが付く。詰襟部分にⓒ連隊の徽章、ⓓ前合わせのボタンとⓔ袖飾りのボタン、ⓕ金刺繍縁取りを施した肩章のボタンやⓖ階級章(下士官・兵はⓘ連隊徽章。ⓙ階級章は腕に付ける)はそれぞれの連隊独自ものを装着。詰襟や袖飾りのデザイン、ボタンの数や配列も違う。また同じ連隊でも将校、下士官および兵では異なり、前者のチュニックは金糸刺繍が多用された豪華な作りだ。スラックスはテーパードタイプのラインになっており、両側部にはⓗ赤の側線が入る。側線の太さは将校用が太く、下士官・兵用は細い。また下士官兵は❹白革のベルトを着用するが、将校は❺ウエストサッシュを巻き❻サーベルを佩剣。靴は下士官・兵が❼アンモブーツ、将校は❽チェルシーブーツを履く。

将校用階級章

連隊紋章入りボタン

No.2 ドレス

日常の軍務で使用する勤務服《サービスドレス》

イラストはNo.2ドレスを着用した近衛騎兵連隊ライフガーズの男性将校(少佐・左)と王立電子・機械技術部隊の女性将校。No.2ドレスは、テーラードカラーの襟型で両胸と両腰部分にフラップ付きパッチポケットの付いた❶ジャケット(女性用は胸ポケットがない)と❷トラウザーズ(女性はスカート)、❸ワイシャツとタイ、❹短靴、❺制帽、❻茶色の革手袋で構成される。将校はテーラーメイド、下士官・兵は支給品で、前者のほうが生地やボタンも上質で丁寧に作られている。また男性将校はジャケットの上に❼サムブラウンベルトを装着する。ジャケットの襟部分にはⓐ所属する連隊の徽章、ⓑ左胸には略綬章、将校はショルダーストラップ部分にⓒ金属製の階級章、下士官および兵は布製刺繍の階級腕章をそれぞれ装着する。No.2ドレスも女性用と男性用では服のデザインが異なり、将校でも女性はサムブラウンベルトを装着しない。また制帽も女性用はクラウン部の形状が男性用と異なる。将校用の制帽のひさしには金色の飾りが付く。

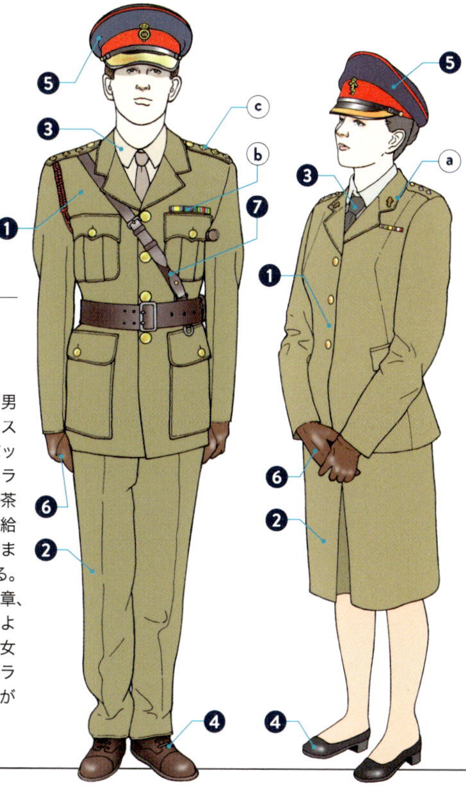

現用戦闘個人装備

2000年代に入ってイラクやアフガニスタンへ派兵されるようになると、イギリス軍は兵士の被服や装備類の更新を開始し、2010年には新しい迷彩パターンMTPが採用された。同時期にアメリカ海兵隊のMARPAT FROG（難燃性運用ギア）と同じデザインの戦闘シャツが導入され、2009年より採用されたオスプレイ・ボディアーマーは第4世代のMk.4に、ヘルメットも新型のMk.7に更新された。のちにPCS UBMCSと呼ばれる戦闘シャツは、ボディアーマーや装備類を装着する胴体部分にクールマックス（伸縮性・通気性・吸湿性・速乾性の高い新繊維）を使用して、酷暑の環境で戦闘装備を着用する兵士のヒートストレスをできるだけ軽減するよう工夫されている。

歩兵の戦闘装備 ▶

イラストはISAFの任務でアフガニスタンに派遣されていたロイヤル・フューリジア連隊の狙撃兵。
❶Mk.7ヘルメット、❷ボウマン・ヘッドセット、❸通信システムコントロール装置、❹PRR短距離無線機（隊員同士の交信だけでなく他の分隊や小隊などとの交信もできる）、❺オスプレイMk.4ボディアーマー、❻ユーティリティポーチ、❼PUG（戦闘服のパンツの下に着用する股間防護システム）、❽PCSトラウザーズ、❾膝パット、❿コンバットブーツ、⓫レッグポーチ、⓬L96A1狙撃銃、⓭PCSシャツ、⓮ハイドレーション（水分補給）システム、⓯バッグパック（RPC-225 VHF無線機を収納）。

▼オスプレイMk.4ボディアーマー

前面 ボディアーマー前面

後面 ボディアーマー後面

ソフトアーマーパネルで構成されるアーマーキャリアーにセラミック製アーマープレートを挿入することで、抗弾能力は7.62mm弾の直撃にも耐えられる。アーマーキャリアーの表面にはウエビングテープが付いておりPALS（装備品取り付けシステム）のプラットフォームとなる。

PCS新型迷彩戦闘服

1980年代から使われていた＊DPM迷彩パターンに替わるMTPは、クレイ・プレシジョン社が開発した「マルチカム」に似ているが独自に開発された迷彩パターンで、グラデーションを使いながら草や樹を思わせる幾何学的な模様となっている。2012年から配備が始まったPCSと呼ばれる新型迷彩戦闘服はMTPの迷彩パターンで、PCS UBACS(ボディアーマーの下に着用する戦闘シャツ)、PCSシャツ(コットンとポリエステルの混紡製の上着で、戦闘パンツとともに平時の勤務服の代用となる)、PCSトラウザーズ(コットン製の戦闘パンツ)で構成される。その特徴は、⑴ボディアーマー着用時に首回りが邪魔にならないようマンダリンカラーを採用、⑵前合わせをベルクロ式にして着脱を容易した、⑶両腕部分に大型のフラップポケットが付いた(ボディアーマー着用時に使用できない胸部分のポケットはスリット式に変更)、⑷ボディアーマー着用時に内部が蒸れないよう通気性の高い素材を使用、⑸戦闘パンツのカーゴポケットの角度が変更された、などである。

◀ PCSを着用した女性兵士

イラストはMTPの戦闘スモックとPCSトラウザーズを着用した王立通信軍団(常備軍の戦闘支援部隊)の女性兵士。❶ベレー(濃紺色で王立通信軍団の徽章を右側面に付ける)、❷MTPの迷彩スモック(デザインはPCSシャツに似ているが丈が少し長く、両サイドにマチ付きの大型フラップポケットが付いている)、❸PCSトラウザーズ、❹コンバットブーツ、❺L85A2アサルトライフル、ⓐ右腕のフラップ付きパッチポケットに付けられた王立通信軍団のフラッシュ(部隊識別章)。

写真はPCS UBACSとPCSトラウザーズを着用したロイヤル・アイリッシュ連隊の兵士。連隊のベレー帽を被り、腕部のフラップ付きパッチポケットに連隊を示すフラッシュを装着している。

＊DPM＝緑・黒・茶・黄土色の4色基本カラーパターンの迷彩。濃淡や配色にいくつかのバリエーションがあった。

更新が進められる個人装備システム

現在のイギリス陸軍では、個人装備システムとして Mk.7ヘルメット、PCS迷彩戦闘服、PLCE（個人携行装備）などを使用している。だが、2000年代に入ってから実施されたISAFなどの経験から得られた個人装備の問題点と将来を見据えて、現行の個人装備システムを使用しつつ、新型の導入を開始している。

*「ヴィルトゥス」と呼ばれるこのシステムは、ヘルメット（顔面防護用バイザーとガードが装着可能）、STV（スケーラブルタクティカルベスト）、重量分散システムなどで構成される。

新型個人装備システム「ヴィルトゥス」

［上］ヴィルトゥスの①ヘルメットと②STVを着用したメルシャン連隊の兵士。ヘルメットには暗視装置のアタッチメントとカウンターウエイトが付けられている。STVはいわゆるプレートキャリアーで、内部にソフトアーマーやアーマープレートを挿入してボディアーマーの機能を持たせることができる。

バーゲンを背負い、ポーチ類を取り付けたウエストベルトを装着した状態。写真ではわかりにくいが、着用したSTVの背面とバーゲンの間に重量分散システムの「背骨」が置かれている。兵士が携行する装備類の重量はかなりのものだが、車両などが使えない戦場では行軍だけで疲弊してしまう。その負荷を軽減するために開発されたものだ。

STVと組み合わせて使用される重量分散システムの①背骨。STVの背面に設置されたこの装置は、着用するSTVや背負ったバックパックのような荷物の重量の一部を②ヒップベルトに伝達し、腰回りに分散する。これにより上半身のみに過度な重量負荷がかかることがなくなり、兵士の疲労を減少させるのだ。背骨の長さは着用者の体に合わせて③プッシュボタンにより調節できる。この背骨によりSTVとヒップベルトは連結されているが、兵士が激しい動きをしても、連結部が動きを制限しないように作られている。(Photos:MOD)

＊ヴィルトゥス＝ “Virtus”（ラテン語で「男らしさ」の意味）。開発メーカーの社名でもある。

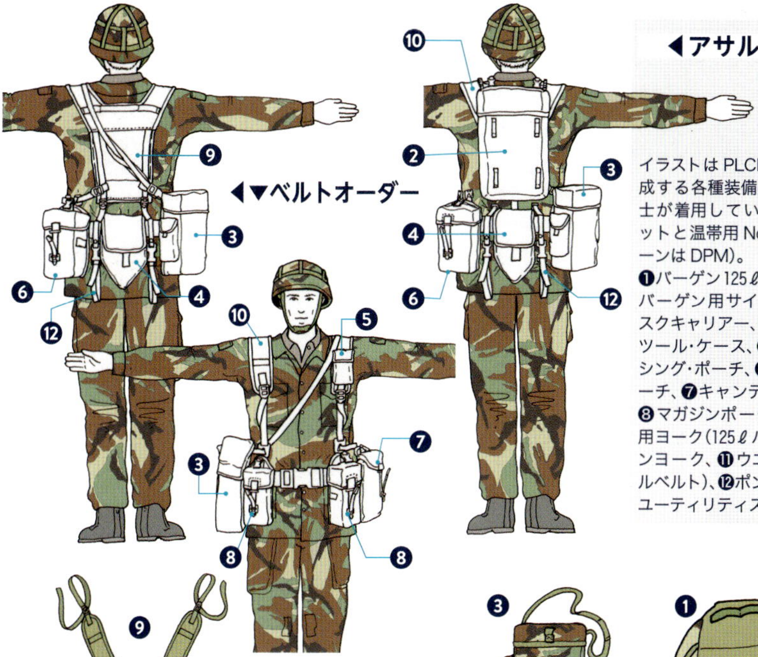

◀アサルトオーダー

イラストはPLCE(95パターン)を構成する各種装備品とその装着法。兵士が着用しているのはMk.6ヘルメットと温帯用No.8戦闘服(迷彩パターンはDPM)。
❶バーゲン125ℓ(フレーム付き)、❷バーゲン用サイドポーチ、❸ガスマスクキャリアー、❹エントレンチングツール・ケース、❺フィールドドレッシング・ポーチ、❻ユーティリティポーチ、❼キャンティーンキャリアー、❽マガジンポーチ、❾サイドポーチ用ヨーク(125ℓバーゲン用)、❿メインヨーク、⓫ウエストベルト(ピストルベルト)、⓬ポンチョストラップ、⓭ユーティリティストラップ

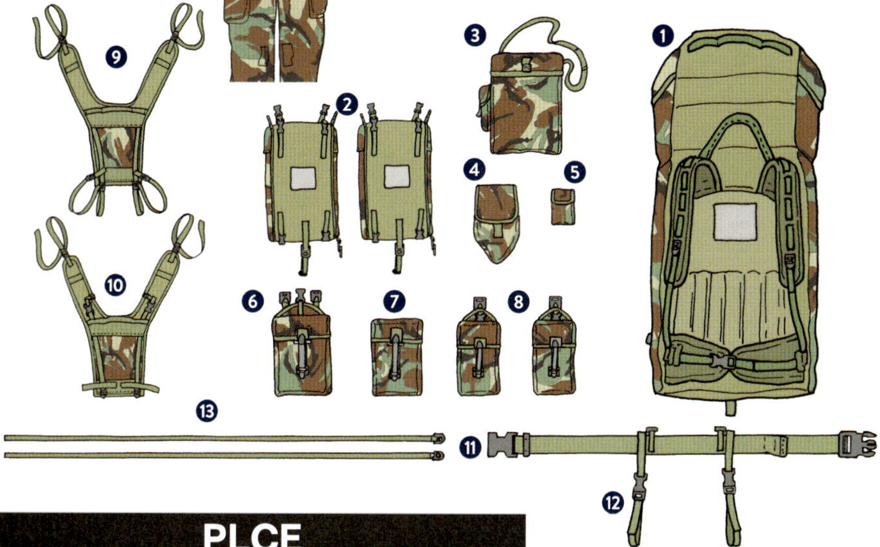

PLCE

イギリス陸軍が1990年に制式装備品として使用を開始したPLCE(パーソナルロードキャリングイクイプメント)は、兵士が48時間活動を行なうために必要なすべてのものを携行できることを目的として開発された。PLCEはヨーク(サスペンダー)やポーチ類などの各装備品で構成され、使用目的(任務)に応じて自由に付け替え可能(ファステックスとストラップにより固定)で、汎用性が高いことも特徴。90年に支給されたものから、フック金具の強化や迷彩柄の採用など何度かのマイナーチェンジが行なわれているものの基本型は変わらず、現在も使用されている。現行のPLCEでは、ポーチ類をオスプレイボディアーマーに直接取り付けて携行できるように、PALSと同じような固定ストラップを用いたアタッチメントシステムも付けられている。

▼現行のPLCEポーチ

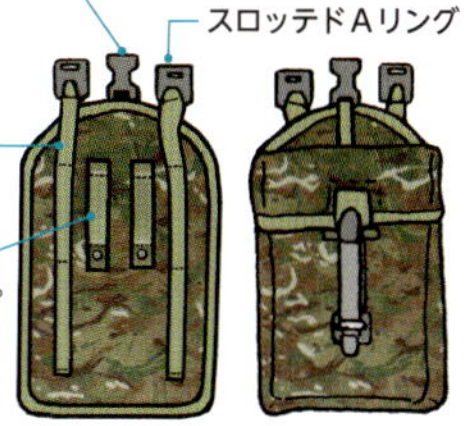

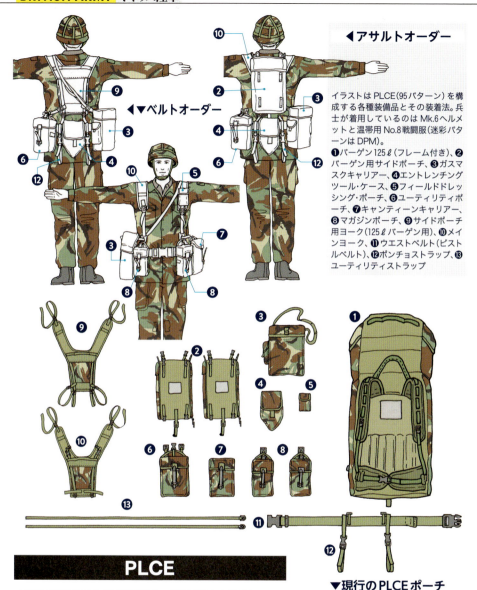

統合軍の地上部隊から陸軍となった

カナダ陸軍

イギリスやフランスの植民地だったカナダは1931年にイギリスから実質的な独立を果たした。とはいえカナダ憲法が成立して完全な主権国家となったのは1982年のことで、カナダは長い間イギリスの影響を受けてきた。当然ながら軍の組織も少なからずイギリス軍の影響を受けている。特に制服や階級章などはイギリス軍に似ている部分が多い。

カナダ軍の大きな特徴は、1968年に陸海空の軍種が統合されて1軍制となったことだ。最高指揮官は*カナダ国王に任命されたカナダ総督だが、実際の指揮権を持つのは首相である。軍の形態が統合軍とはいえ、陸海空の兵力を1つの軍種として扱うことには無理があり、実質的には地上軍を陸軍、海上軍を海軍、航空軍を空軍として設置した（さらに作戦上の統合作戦軍、特殊作戦軍もある）。現在のカナダ軍では軍種の名称が旧来のものに戻され、統合軍地上部隊は正式にカナダ陸軍となった。

カナダ陸軍の階級章（肩章）

イギリス陸軍の階級制度に似ており、士官は大将～少尉、准士官は最上級准尉～准尉、下士官は軍曹～伍長、兵は一等兵～兵卒である。

制服を着用したカナダ陸軍兵士。グリーン（アメリカ陸軍のAG44アーミーグリーンに似た色）の制服とベレー帽（部隊ごとに異なる色）、黒革靴の組み合わせで、准士官～兵は右腕、士官は肩に階級章を装着する。

＊カナダ国王＝イギリス連邦王国に属するカナダの君主はイギリス国王が兼任する。2016年7月現在、イギリス女王エリザベス2世がカナダ国王（女王）である。

CADPAT(カナディアンアーミー/エアフォースディスラプティブパターン)迷彩の戦闘個人装備を身に付けたカナダ陸軍の歩兵(分隊指揮官)。CADPATには森林用、砂漠用、冬/極寒冷地用、市街地用の4種類のパターンがある。
❶ CG634ヘルメット(PASGTヘルメットをベースに開発されたケブラー製ヘルメット。暗視装置のプレートアダプターを付けている)、❷ボウマンヘッドセット、❸パーソナルボディアーマー M4100、❹ PRR短距離無線機、❺ ICUジャケット、❻ TACベスト、❼コルトカナダ C8 A2カービンモデル、❽ ICUパンツ、❾コンバットブーツ(現行のブーツは黒革製だが、将来的にはCADPATの迷彩ブーツが配備される予定)

TACベスト▶

2003年に採用された歩兵用タクティカルベスト。各ポーチ類はベルクロとファスティックスで付け替えが可能。
❶マガジンポーチ、❷地図/コンバットレーションポケット
❸コンパスポーチ、❹ナイフ留め、❺フラッシュライトポーチ
❻ユーティリティポーチ、❼グレネードポーチ
❽キャンティーン(水筒)ポーチ

ICU▶

カナダ軍が2012年に採用したICU(改良型戦闘服)。CADPATパターンの迷彩戦闘服で、素材はコットン52%、ポリエステル48%の混紡製でリップストップ構造。ICUは平和維持活動などで海外へ派遣される兵士たちの利便性を考慮してデザインされ、陸海空軍の3軍で使用される。
❶チャイナカラーの採用、❷腕部フラップポケット、❸階級章取り付け部、❹ペンポケット、❺ベルクロ式の袖部調節タブ、❻フラップ付きフォーワードポケット、❼フラップ付きカーゴポケット、❽小型フラップポケット、❾膝パット挿入部ファスナー(この部分から膝部分に防護パッドを挿入できる)、❿ジップフロント式の前合わせ、⓫プラップ付きの腰ポケット、⓬ファスナー開閉式の胸ポケット、⓭隠しボタン式の前合わせ、⓮肘補強当て布、⓯ゴム絞りのウエストサプレッション、⓰ベルトループ、⓱ヒップポケット(フラップ付きスリットポケット)、⓲ヒップ部の補強当て布、⓳ベルクロ式の裾部調節タブ

第二次大戦初期にヨーロッパを制圧した

ドイツ国防軍陸軍

1935年3月、ドイツ総統アドルフ・ヒトラーはヴェルサイユ条約を破棄し、再軍備を宣言。ドイツの軍隊は共和国軍《ライヒスヴェア》から国防軍《ヴェアマハト》へと改称された。ドイツ国防軍は、やがてヨーロッパを戦乱の渦に巻き込む第二次世界大戦を引き起こすこととなる。

国防軍将校（砲兵大尉）▶

ドイツ国防軍の制服と各種徽章

将校

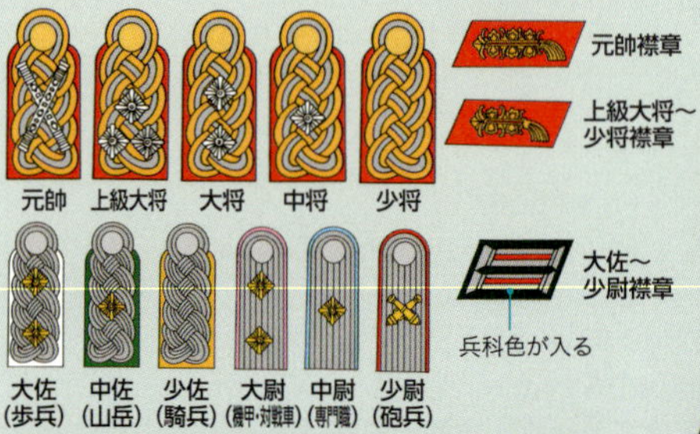

下士官以上は肩章が階級章になる。肩章の台地および縁取りは歩兵・装甲・砲兵など兵科別の色にすることで着用者の所属を示す。

下士官

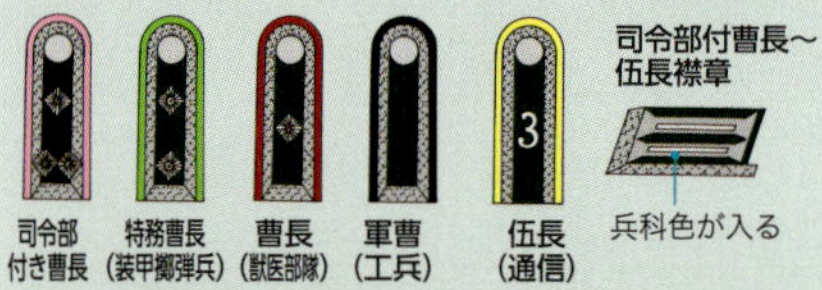

兵

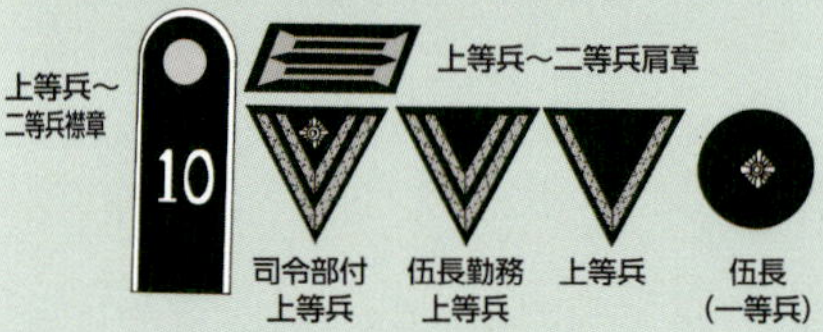

上等兵～二等兵は左腕に付ける。

将校用制服は、一見すると下士官・兵用の1936年型制服に似ているが、たとえば袖部分が下りカフスになっていること、襟が高くスマートになっていること、ベルトを支えるフックが付いていないことなどの外見的な違いがある。また将校は自費で購入したものを着用するため、生地や縫製がよいものを選び、好みのデザインを反映できた。制服の鷲章や襟章は将校用がアルミモールの刺繍（襟章の2本帯の間には兵科色の線が入る）であった。

国防軍下士官(歩兵軍曹)

下士官の制服では、襟に銀テープの縁取りがあった。1940年以降はレーヨンのグレイの縁取りに変わっている

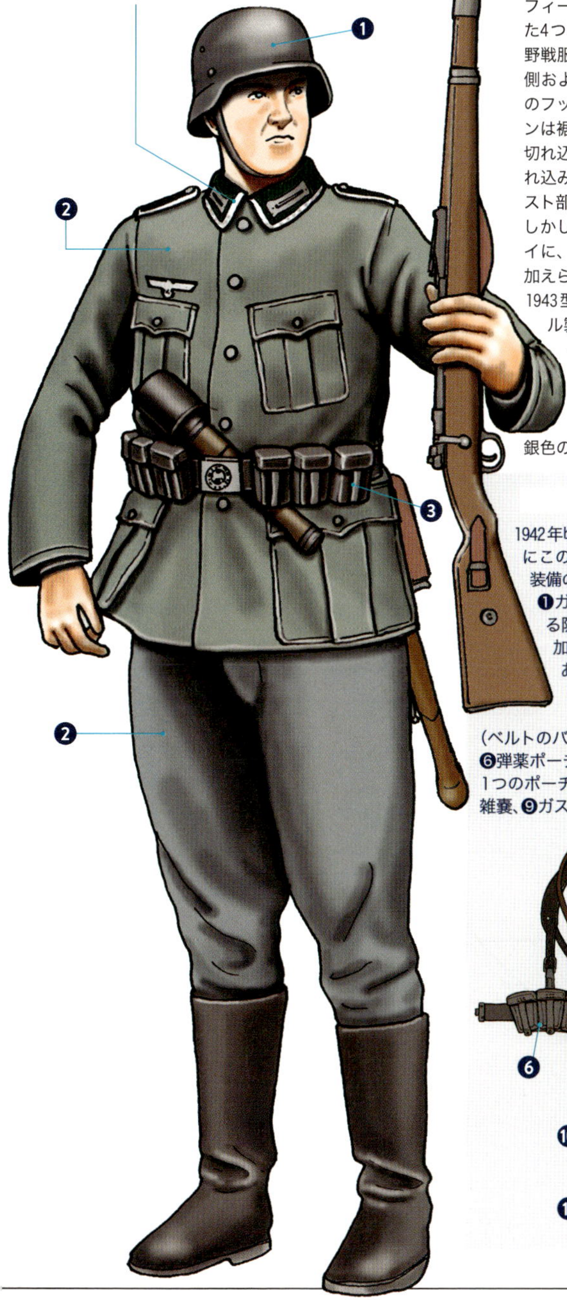

イラストは1940～41年頃のドイツ軍歩兵軍曹。❶1935年型ヘルメットを被り、❷1936年型制服(M36)の上下を着用した上に❸野戦用個人装備を装着した第二次大戦時のドイツ陸軍歩兵の典型的な姿である。

1936年型制服は濃緑の襟(初期のものは内側にカラーが付いた)を持つフィールドグレイ色の詰襟、5ボタンの服で、プリーツの付いた4つのフラップポケットが張り付けられている通常軍装で、野戦服としても使用された。そのため制服の腰の位置には、前側および後側にそれぞれ左右1か所ずつベルトを支えるためのフック(着脱可能)を装着できるようになっていた。制服のズボンは裾絞りのないスラックス型で、左右にフラップのない斜め切れ込みポケットが付く。またウエストの背部にはV字型の切れ込みがあり、そこに付けられるバックル付き布バンドでウエスト部を絞めることができた。

しかし戦争が続くにつれ1940年には襟の色がフィールドグレイに、42年からはポケットのプリーツがなくなるなど変更が加えられた。やがてデザインを簡略化して生産性を優先させた1943型制服(M43)が使用されるようになる。材質もM36はウール製だったが、レーヨンとウールの混紡になり、しだいにレーヨンの混紡率が増えて品質が悪くなった。

下士官・兵の襟章はダークグリーンの布地に銀灰色の糸で織ったものあるいはグレイの絹糸で直接襟に縫い付けたもの(40年以降)であった。また下士官は襟回りに銀色のアルミ糸(後にグレイの絹)の縁取りが付く。

▼歩兵用個人装備

1942年頃まで使用されたドイツ陸軍歩兵の様々な個人装備(常にこのような装備一式を携行するのではなく、通常は必要な装備のみを携行した)。

❶ガスケープ収納ケース(毒ガスを空中散布された際に被る防護用シートを入れる。シートは毒ガスを浸透させない加工がされており、大きさは約2m×2mで紙製と布製があった)、❷Dリング付き重装サスペンダー、❸飯盒(蓋に折りたたみ式の取っ手が付いていてフライパンとして使える)、❹M1938ポンチョ、❺下士官・兵用ベルト(ベルトのバックルには「神は我と共にあり」の文字が入っている)、❻弾薬ポーチ(1つのポケットに7.92mm弾5連クリップを2個収納。1つのポーチで30発携行)、❼M1938水筒(容量800cc)、❽M1931雑嚢、❾ガスマスクケース、❿バヨネット、⓫エントレンチングツール(塹壕設営用シャベル)

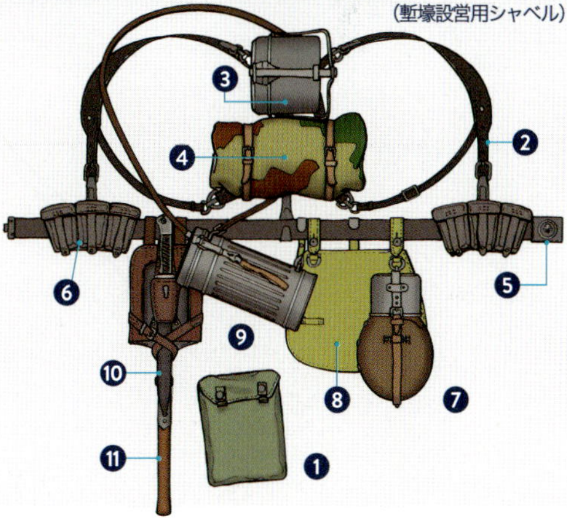

ヒトラーに忠誠を誓った準軍事組織

ナチス親衛隊

ナチス親衛隊（SS）はアドルフ・ヒトラーの私的な警護部隊から始まった。SS特務部隊（のちの武装SSを構成する部隊）と警察組織（SSの指揮下に統合された秩序警察および保安警察）、一般親衛隊の3つの組織で構成されていた。

それらの親衛隊の隊員が着用した制服の中で最も有名なのが黒の制服だ。プロセイン王国時代の近衛軽騎兵連隊の制服をモデルにしたといわれ、開襟式のジャケットに乗馬ズボン（通常ズボン）の組み合わせだった。1938年にはフィールドグレイの制服が使用されるようになるが、黒の制服と同じ開襟式のデザインだった。

◀パレード用礼装（SS上級連隊指揮官以上）

イラストは将官のパレード用制服の1つで、制帽と黒色のオーバーコート（外套）の組み合わせ（SS旅団指揮官の階級章を付けている）。コートの下には制服を着用。SSの将官（上級連隊指揮官以上）のコートは、上襟に銀のパイピング（アルミ糸のねじりパイピング）を施し、下襟と前合わせの縁取り部分が白地になっている。コートは将校（上襟に銀のパイピングが付く）、下士官・兵用があったが、いずれも裾の丈が非常に長いのが特徴。また制服の場合と同様に肩章を右肩のみに装着した。肩章は階級を4つのグループに分類したもの。

ナチス親衛隊はドイツ国防軍ではなく、ヒトラーの私兵部隊である。1933年に編制されたSSアドルフ・ヒトラー連隊は、警備隊による総統官邸や総統大本営などの警備任務、SS随伴警護隊による警護任務、および儀仗任務を担った。のちに同部隊は拡張され、武装親衛隊（ヴァッフェンSS）の師団の1つとして第二次世界大戦を戦うことになる。
連隊の将兵が警護や儀仗任務で着用した制服は1932年に制定された黒の制服で、親衛隊の制服として最も有名なものだ。デザインは将兵共通で、上着はシングルブレステッドの4つボタン、胸部にフラップ付きパッチポケットと腰部分にフラップ付きポケットをそれぞれ2個ずつ持つ。SSアドルフ・ヒトラー連隊では他のSS隊員と区別するために「アドルフ・ヒトラー」の文字が刺繍された袖章（カフタイトル）を制服の左袖に巻いていた。ズボンは乗馬ズボンと通常型ズボンがあり、状況に合わせて使用された。
右下のイラストは将校のパレード用礼装で、黒の制服（勤務服と同じもの）の上着に乗馬ズボンを着用、拍車を付けた長靴を履く。上着の下にはカーキ色（または白）のシャツと黒のタイを着用し、右肩から銀色のランヤードを吊り下げた。将校のみサーベルを帯刀できる。
左下のイラストは下士官・兵用の礼装。黒の制服を着用し、制服の下は白のシャツと黒のタイ、1936年に採用された白色の個人装備を装着している。黒の制服を着た場合には将校、下士官・兵とも左腕にナチ党腕章を付けた。

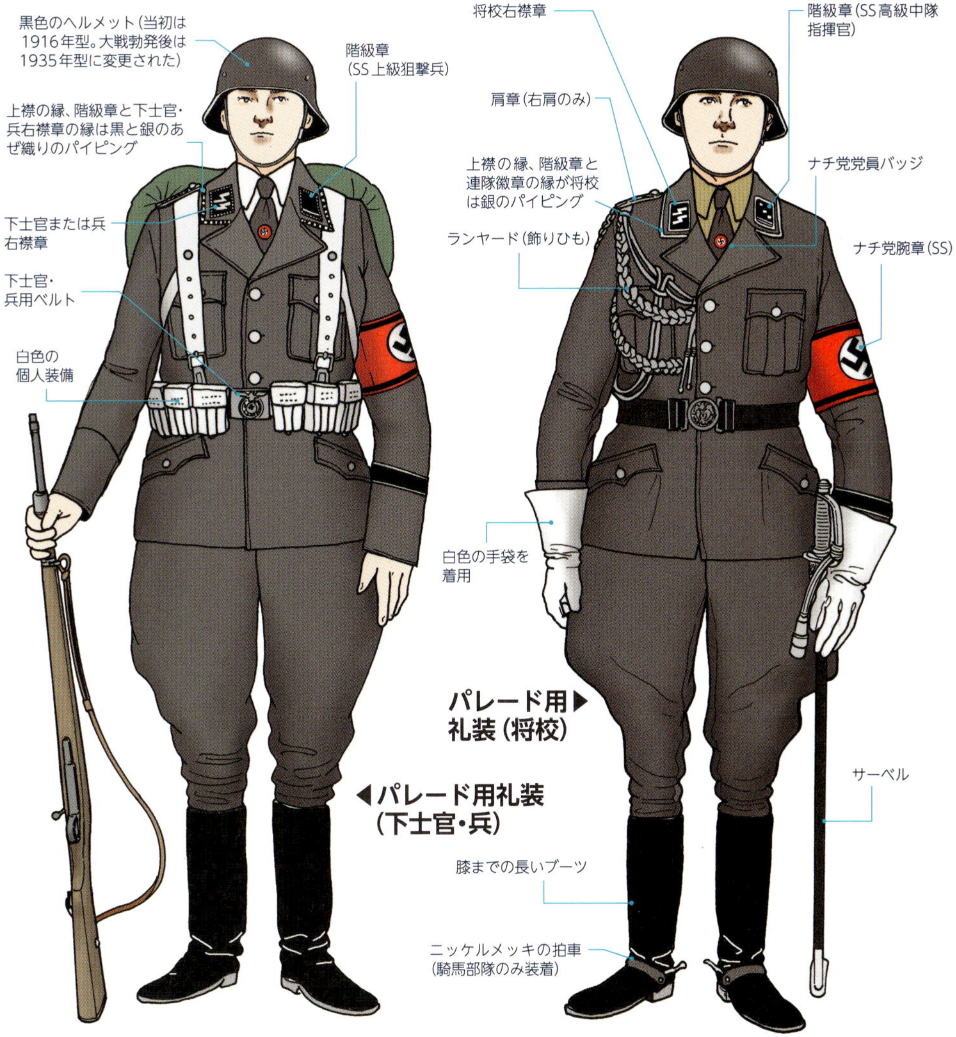

ナチス時代のドイツ軍の勲章

ナチスドイツが制定して授与した勲章は多数存在するが、大別して鉄十字章、戦功章（戦闘徽章）、従軍徽章（参加した戦闘を記念する徽章）の3つがあった。

全軍共通の鉄十字章（大別すると騎士十字章、一級鉄十字章、二級鉄十字章）はドイツ軍人にとって最高の勲章であり、受章するには抜群の戦功をあげるなど厳しい条件が課せられていた（とはいえ空軍のように撃墜機数という明確な受章条件を決められる場合は別として、通常は直属上官の推薦を重要条件とするなど基準が明確ではなかった）。また将校と下士官・兵の間にははっきりとした区別があり、同じような功績をあげても評価は大きく異なり、受章する勲章も異なった。さらに受章条件は勲章により異なり、勲章の等級が高くなるほど条件は厳しくなった。特に騎士十字章と1級鉄十字章の差が大きいため、1941年9月にドイツ十字章が制定されている。

各軍に規定されていた戦功章は、騎士十字章や鉄十字章のように目覚ましい功績をあげた者に授与される勲章とは異なる。基本的に規定の条件を満たした将兵であれば誰でも授与されるものだ

勲章佩用位置

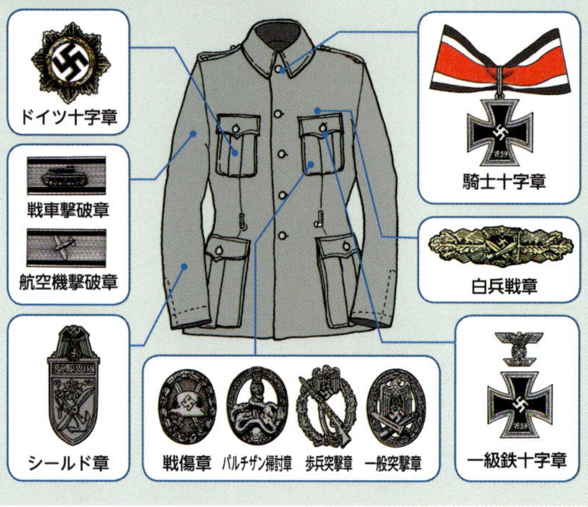

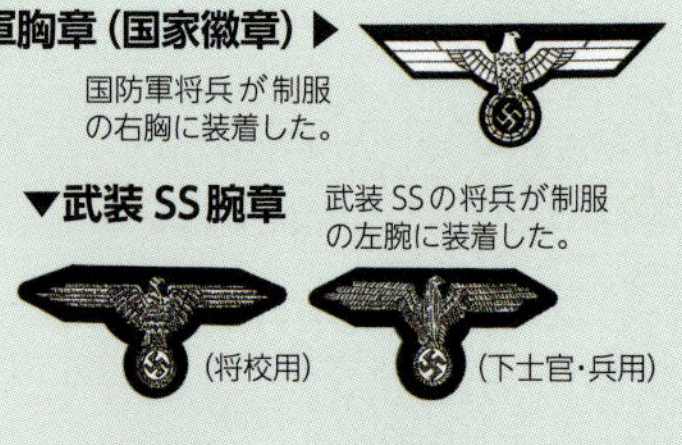

ドイツ軍では受章した勲章を制服に佩用する位置も細かく規定されていた。各勲章の位置は基本的に左イラストのようになるが、一級鉄十字章と戦功章を左胸ポケットに付ける場合には、一級鉄十字章よりも戦功章を低い位置にした。イラストには描いてないが、二級鉄十字章は受章を示すリボンを第2ボタンホールに縫い付ける。またシールド章（参加した戦闘を記念する従軍徽章）は基本的に左袖に、袖章（これは従軍徽章に相当するもので、一定の戦域で戦った将兵に授与された。武装SSの袖章とは異なる）は右袖にそれぞれ付けた。

った。ただし受章条件はかなり細かく規定されており、たとえば歩兵突撃章の場合、受章資格は、❶3回の突撃に参加、❷3回の反撃に参加、❸3回の偵察任務に参加、❹突撃において白兵戦に参加した歩兵が対象というように細かく条件が決められていた。

また一般突撃章（工兵・砲兵・対戦車部隊など歩兵以外が対象）では、基本的に受章資格は歩兵突撃章と同じだったが、参加した突撃や反撃の回数が25回、50回、75回、100回というようにバリエーションがあり、勲章にそれぞれの回数が記されたものもあった。ちなみに白兵戦章のように兵士の参加した白兵戦の日数で等級分けされた戦功章もある（金章が50日、銀章が30日、銅章が15日というように等級分けされていた）。

軍人にとって勲章は単なる制服の飾りではなく、自分の能力を示す証である。等級の高い勲章を受章し佩用するほど名誉であり、軍隊内では階級とは別の、勲章に応じた尊敬や特権が与えられる。ドイツ軍将兵が戦闘服にまで鉄十字章を付けていたのは、それなりの意味があったのだ。

ドイツを代表する勲章“鉄十字章”

ドイツ軍人に与えられる勲章の中で、最高位に位置する勲章が鉄十字章であった。1813年、プロセイン王フリードリヒ・ヴィルヘルム3世により「戦闘における功績を称える勲章」として制定されたことに始まり、以後戦争の度に制定されている。1870年の普仏戦争版、1914年の第一次大戦版、そして1939年9月の第二次大戦版、1956年に戦後版がそれぞれ制定されているが、勲章のデザイン自体は変わらず、十字の中に入る年号と模様が異なる。
従来、鉄十字章は一級および二級のみであったが、1939年に第二次大戦版の制定（勲章中央に鉤十字が入り、年号が1939と改められた）とともに、より高位の騎士十字章が新たに加えられることとなった。また戦争が長引くにつれて一級、二級鉄十字章および騎士十字章の3種類では対応できなくなり、1940年6月には「柏葉付き」、41年7月には「柏葉剣付き」および「ダイヤモンド柏葉剣付き」、45年1月には「黄金ダイヤモンド柏葉剣付き」騎士十字章がそれぞれ制定されている。

国防軍の伝統を受け継がない新たな軍隊

ドイツ連邦陸軍

ドイツ連邦共和国の軍隊がドイツ連邦軍である。陸海空軍の3軍のほかに、救護業務軍（医療・衛生業務を担当）、戦力基盤軍（連邦軍全軍の指揮・通信・兵站・憲兵・教育などの業務を担当）で構成されている。現在、陸軍は約10万人の兵力で、ドイツ国土の防衛やNATO軍の一員としてヨーロッパの防衛を担い、平和維持活動など国外任務にも従事する。近年はアフガニスタンのISAFにアメリカに次ぐ兵員を派遣している。

ドイツでは2011年7月まで徴兵*制度があり、18歳以上の男子には6か月の兵役が課されていた。ドイツ連邦軍は女性の占める比率も高く、戦闘職域への配置にも制限がないほど進歩的だ。また、軍の人員削減を始めとする軍事支出の縮小にも積極的であり、装備の更新が進んでいない分野もある。

▼降下猟兵徽章
（パラシュートバッジ）

▼パラシュート資格章

ドイツ連邦陸軍の階級章

◀階級章（野戦用）

野戦用階級章はダークグリーンの生地に将官は金糸刺繍、士官は銀糸刺繍、下士官／兵は黒糸刺繍を施したもので、戦闘服のショルダーストラップなどに取り付ける。制服用の階級章とデザインは同じ。

陸軍少将

陸軍准将

陸軍少佐

陸軍上級大尉

陸軍大尉

陸軍中尉

陸軍少尉

陸軍曹長

陸軍一等軍曹

陸軍二等軍曹

ドイツ連邦軍の階級で特徴的なのは、大尉の階級に上級大尉と大尉の二種類があること。またここには載せていないが、兵の階級には、たとえば同じ上等兵でも一般の上等兵の他に伍長候補者、軍曹候補者、士官候補生などがいて、階級章でも区別している。

陸軍先任兵長

陸軍兵長

陸軍先任上等兵

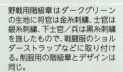

陸軍上等兵

陸軍一等兵

陸軍二等兵

◀階級章（制服用）

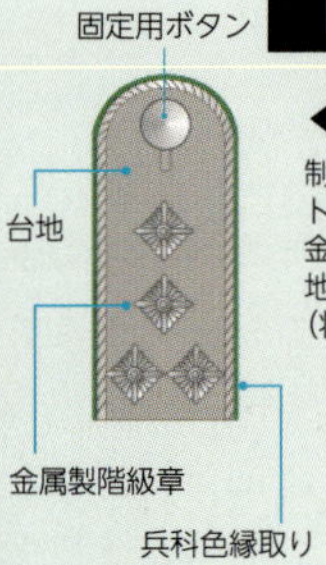

制服に取り付ける肩章型の階級章（イラストは上級大尉）。芯が入った布製台地の上に金属製の階級章を取り付けてある。また台地の周囲には兵科色の縁取りが施してある（将官は赤と金の二重の縁取りが付く）。

降下猟兵
山岳猟兵
猟兵
装甲擲弾兵
特殊部隊

砲兵

工兵

戦車兵

NBC
防護部隊

陸軍防空
砲兵部隊

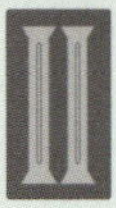
陸軍航空隊

通信部隊

▲襟章

兵科は戦闘を担当する職種区分のこと。ドイツ連邦軍では戦闘グループと後方支援部隊を類似部隊ごとに集約して色で区分している。襟章は制服の後襟に取り付け、着用者の所属する兵科を一目で識別できるようにしたもの。

＊徴兵制度＝良心的兵役拒否が認められていて、軍務の代わりに社会貢献を選ぶこともできた。

2015年にドイツ連邦軍は創設60年を迎えた（1955年11月に創設。1990年10月にはドイツ統合により再編）。その記念セレモニーにおけるガード大隊（いわゆる儀状隊）。着用している制服は他の部隊と同じもので、ライトグレイのジャケットにダークグレイのスラックスの組み合わせ。ジャケットの下にはダークグレイのタイと薄いブルーのワイシャツを着用する。下士官・兵はベレーが制帽となり、帽子の左側には部隊徽章が付く。他の部隊と異なるのは白のサムブラウンベルトを着用することと、ジャケットの左袖にガード大隊のアームバンドを装着していること。

ドイツ連邦陸軍の制服

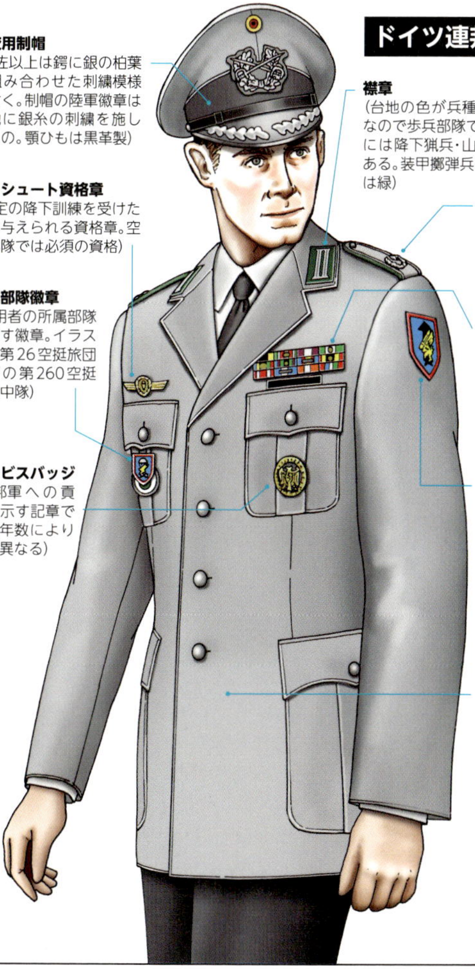

将校用制帽
（少佐以上は鍔に銀の柏葉を組み合わせた刺繍模様が付く。制帽の陸軍徽章は布地に銀糸の刺繍を施したもの。顎ひもは黒革製）

パラシュート資格章
（所定の降下訓練を受けた者に与えられる資格章。空挺部隊では必須の資格）

所属部隊徽章
（着用者の所属部隊を示す徽章。イラストは第26空挺旅団隷下の第260空挺工兵中隊）

サービスバッジ
（連邦軍への貢献を示す記章で勤続年数により色が異なる）

襟章
（台地の色が兵種を表す。イラストは緑なので歩兵部隊であることを示す。歩兵には降下猟兵・山岳猟兵・猟兵の兵科がある。装甲擲弾兵や特殊部隊も台座の色は緑）

肩章
（階級章。イラストは少佐で、階級章の台地の周囲には兵科を示す縁取りが施されている）

略綬
（着用者が勲章や記章を佩用しないときに受章歴を示すために着用するリボン。これにより着用者の経歴がわかる）

旅団エンブレム
（着用者の所属する旅団を示す。イラストは特殊作戦師団隷下の第26空挺旅団）

制服はレギュラータイプの襟型、シングルブレストのウール製ジャケットで、両胸と両腰部分にフラップ付き外ビダ型パッチポケットが付いている。色はライトグレイで、デザインは士官、下士官、兵とも共通

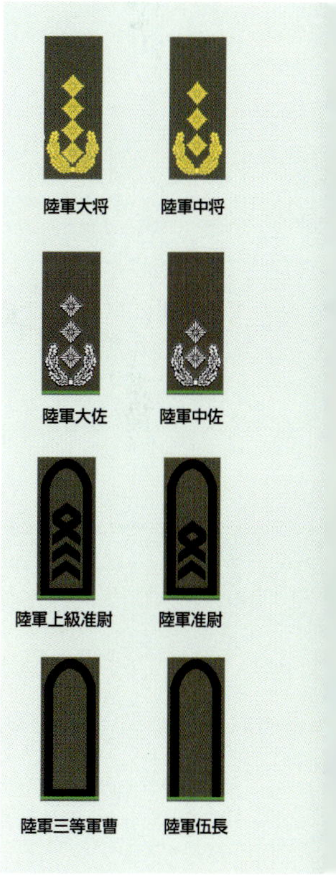

2000年代になって変化した戦闘服と個人装備

ドイツ連邦陸軍の迷彩といえばフレクターパターンが有名だが、2000年代に入ってから変化が見られる。*不朽の自由作戦やISAFにドイツ連邦軍も参加するようになると、砂漠や山岳地帯などの地形に対応できる3色あるいは5色のトロピカルフレクターパターンの迷彩も使用されるようになった。あわせて個人装備も、それまでのシステム95から新たにチェストリグやIDZベストなどへの更新も進んでいる。

[左] フレクターパターンの戦闘服上下を着用したドイツ連邦陸軍の装甲擲弾兵(機械化歩兵)。フレクターとはヨゴレやシミのことで、色を垂らしたような模様が特徴。1990年代初めに導入された戦闘服の迷彩パターンで、ヨーロッパの森林地帯での迷彩効果は非常に高い。戦闘服の上下とも綿とポリエステルの混紡製。上着は両胸部分にフラップ付きパッチポケットが付き、前合わせはファスナーとスナップボタンの二重留めになっている。上着は袖口をベルクロで固定する長袖で、左腕部にポケット、両肩部のショルダーストラップには野戦用階級章を取り付ける。パンツは5ポケット式のカーゴパンツ。

[下] 演習中のドイツ連邦軍の装甲擲弾兵。右の兵士はフレクターパターンの戦闘服に❶ IDZボディアーマーを着用している。ヘルメットやボディアーマーの上に装着しているのは演習用の❷レーザー受信機。手にしたG36アサルトライフルのバレル部分には❸レーザー照射装置を付けている。右の兵士がフレクターパターンの戦闘服に着用しているのは❹ IDZベスト。IDZベストはドイツ版の先進歩兵装備のシステムの1つで、モバイル通信システムやマガジンなど各種装備を携行するために開発され、2010年に採用された。通常はIDZボディアーマーの上に着用する。IDZとは「将来の歩兵」という意味。

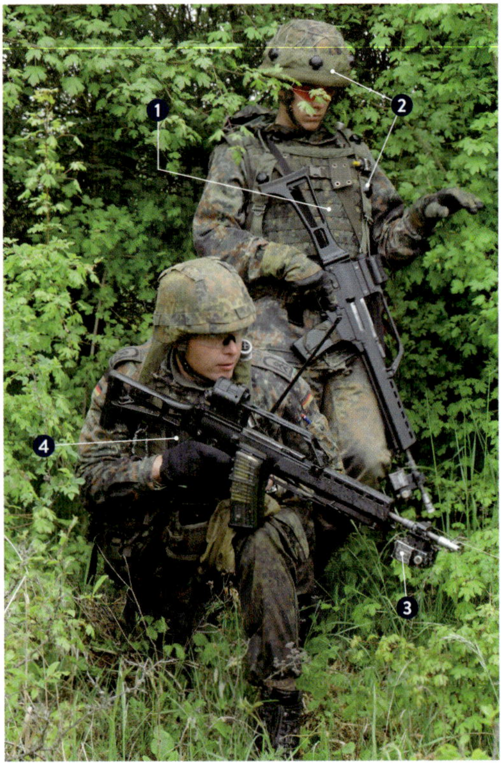

◀ IDZベスト

IDZベストは一見するとアメリカ軍のMOLLEに似ているが、独自のモジュラーシステムとなっている。ナイロンメッシュ地のベストの横方向と縦方向にコーデュラナイロン製のウエビングテープを多数縫い付けてあり、ポーチを横向きにも縦向きにも取り付けることができる。前合わせはジッパー式。イラストはポーチ類を装着していない状態。

＊不朽の自由作戦＝アメリカと有志連合国による対テロ戦争の一環として実施された軍事作戦。

▼B-826ケブラーヘルメット

ケブラー繊維を何層にも重ねて樹脂加工したヘルメット。開発製造はシューベルトヘルメット社。

ドイツ連邦陸軍ISAF派遣部隊兵士

イラストはISAFでアフガニスタンに派遣されていた時期のドイツ連邦陸軍の兵士。地形に合わせてトロピカル迷彩(砂漠迷彩)の歩兵戦闘装備を着用している。アフガンは気温が低く寒いので防寒装備になっている。

❶B-826ケブラーヘルメット(ISAFで派遣された部隊ではヘルメットに迷彩カバーをかけるのではなく、ダークイエローの地色の上にグリーンとブラウンの斑点をペイントしたものを使用)、❷シューティンググラス、❸チェストリグ(ⓐ腹部はG36のマガジンポーチ、ⓑサイド部はファスナー開閉式多目的ポーチ、ⓒ胸部の裏側はアーマープレートを挿入するポケットになっている。ウエビングテープを介してⓓハンドグレネードポーチとⓔ予備マガジンのポーチを付けている)、❹防寒用ジャケット(3色のトロピカルフレクターパターンのジャケット。前合わせがファスナー/ボタン式のジャケットで、胸部と腹部両サイドにボタン開閉式のフラップの付いた大型アコーディオンポケット、腕部にフラップポケットが付いている。またⓕフードは取り外しが可能)、❺BDUパンツ(3色のトロピカルフレクターパターンのカーゴパンツ。ウエストベルト部にベルトループの付いたベルト固定式のパンツだが、サスペンダーで吊ることもできるようにボタンが付けられている)、❻マウンテンブーツ(ライナー部分にゴアテックスを使用した黒革製の山岳地用ブーツ)、❼5.56mmH&K G36アサルトライフル、❽携帯無線機アンテナ(AN/PRC-148 MBITR VHF無線機を使用)

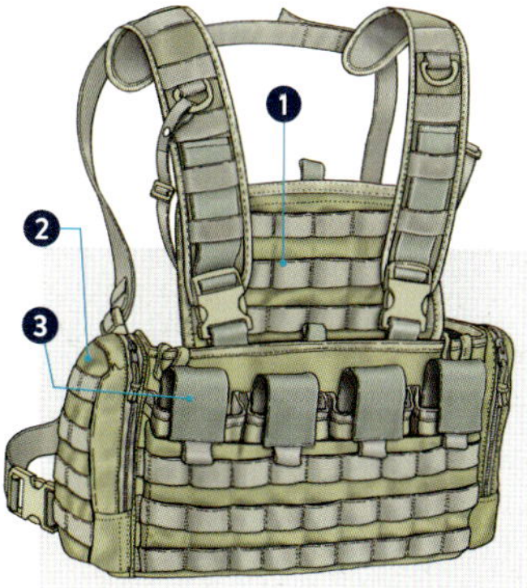

◀チェストリグ

タスマニアン・タイガー社製のコーデュラナイロン製胸トリグMk. II。❶胸部裏側にアーマープレート挿入用ポケットが設けられている、❷マガジンポーチ(4個収納)、❸多目的ポーチ

ドイツ戦車兵（国防軍・武装親衛隊・連邦軍）の服装

ドイツ陸軍といえば伝統的なのが装甲師団であり、戦車兵（戦車搭乗員）を取りあげないわけにはいかないだろう。ここでは現代のドイツ連邦陸軍の戦車兵とナチスドイツ時代の戦車兵の服装を見てみよう。

◀機甲部隊襟章

▲階級章

ドイツ国防軍戦車兵

右のイラストは黒色の戦車搭乗員服を着用した国防軍大尉(機甲科)。狭い車内用に特別にデザインされた搭乗員服は1934年頃から使用され始めた。ウール製の丈の短い❶ジャケットと❷ズボンの組み合わせで、ジャケットの下には黒のタイとマウスグレイのニットシャツ(1943年以降はフィールドグレイのシャツ)を着用した。第二次大戦初期には❸ベレー帽を着用している(ベレーの下には保護帽を被る)。ジャケットはリーファーカラーのような大きな襟で、前合わせがダブルブレステッド。車内の突起物に引っかからないようボタンは隠し式になっていた。ジャケットの襟にはⓐ装甲部隊襟章、右胸にはⓑ国防軍胸章を装着。階級に応じて肩あるいは腕部にⓒ階級章を取り付けた。イラストは大戦初期なので上襟に兵科色のピンクのパイピングが施されている。またズボンにはウエスト部左右にⓓボタン留め式のフラップポケット、右前部にⓔ懐中時計用ポケットがそれぞれ付けられていた。

▼武装親衛隊戦車兵

下のイラストは武装親衛隊の中佐で、戦車搭乗員服を着用している。武装親衛隊の戦車兵の服は国防軍のそれと似ているが、細かな部分のデザインが異なっていた。たとえばジャケットは国防軍のものに比べて下襟が小さく、前合わせの裁断がストレートカットになっていたこと、また背中部分が1枚はぎで縫い目がなかったことなどである。

①柏葉付き騎士十字章、②白兵戦章、③ドイツ十字章、④戦車撃破章、⑤1級鉄十字章、⑥戦車突撃章、⑦戦傷章、⑧階級章(台地がピンク色で、着用者が戦車・対戦車・装甲捜索部隊のいずれかに所属していることを示し、さらに階級章の上に部隊徽章《親衛隊旗SSアドルフ・ヒトラー師団》を装着している)

ドイツ連邦陸軍戦車兵

現代の戦車は大型化しているとはいえ、車内は外から想像するよりもかなり狭い空間である。そのためどこの国でも戦車兵はヘルメットとカバーオールを着用するのが一般的。ヘルメットは車内の突起物に頭をぶつけるのを防ぐため、カバーオールは服の裾などが機器に引っかからないようにするためである。

左のイラストのドイツ連邦陸軍の戦車兵も同様で、革製の❶戦車兵用ヘルメットとフレクターパターンの❷カバーオールを身に付けている。カバーオールは航空機搭乗員のフライトスーツと似た造りで、火災から乗員を保護するため耐熱耐炎効果の高いケブラー繊維を素材としている。胸部分と足のすね部分にそれぞれ2個ずつのファスナーによる開閉式のⓐスリットポケットがあり、ウエスト部分にはゴムを入れたⓑギャザーが付いている。ⓒ前合わせはファスナーによる開閉式で、ⓓ袖口はベルクロを付けたタブによるアジャスター式である。このカバーオールが特徴的なのは、ⓔ襟部分を立てて前で閉じることができること、左胸のポケット部分にペンなどの筆記用具を差すⓕペンポケットが付いていること、ⓖショルダーストラップが付いていることなどである。ショルダーストラップは階級章を付けるほか、戦車から緊急脱出しなければならない際に、負傷して動けないあるいは失神している乗員を仲間が引っぱり出すときの握りにもなる。

革製のヘルメットは頭部を保護するためのパッドが前部から後部を覆うように入れられ、ⓗヘッドセットとⓘマイクが取り付けられている。また、車外に頻繁に顔を出す車長はⓙゴーグルを装着していることが多い。ヘッドセットは騒音の大きい車内における乗員同士の意思伝達や外部との無線連絡に欠かせない装備である。車内通話と無線の切り替えは❸通信切り換えスイッチを使用する(搭乗員は車内の騒音とヘッドセットを着用していることで外部の音はほとんど聞こえない)。❹ブーツは編み上げ式の黒革半長靴。国によっては脱出時に靴がなにかに引っかかってもすぐ脱げる特殊なデザインのブーツを使用しているが、ドイツの場合は歩兵と変わらないデザインのようだ(ただし耐熱耐炎性の素材を使用していると思われる)。

車長用キューポラから上半身を出しているレオパルト2の車長。ベレー帽の上にヘッドセットを付けている。搭乗時には全員がヘルメットを被るが、車外に体をさらして周囲を警戒することが多い戦車長はベレー帽を被り、ボディアーマーを着用している。

EUの中核を担う共和国の軍隊

フランス陸軍

女性用ポーラーハット。帽子正面にベレーと同じ職種の金属徽章を付ける。

フランス陸軍は1990年代に冷戦終結に伴う組織の大改革を行ない、兵器の近代化を進めて武力の強化を図っている。そのため将兵の使用する武器や装備品、衣類などの更新にも積極的だ。フランス陸軍の制服および戦闘服には、T21およびT22（勲章を佩用すると正装になるサービスドレス）、T16（白の半袖シャツとパンツの夏季用サービスドレス）、T34（パレードなどの行事用準正装。総付き肩章を着用し勲章を佩用）、T33（迷彩戦闘服に肩章を付け、勲章を佩用した行事用の準正装）、T31（迷彩戦闘服に各種徽章や勲章の略授章を付けたサービスドレス）。T41（迷彩戦闘服に階級略章などの必要最低限の徽章を付けた戦闘用ドレス）がある。

制服および各種徽章

フランス陸軍の制服は暗いベージュ色（光の当たり方により明るいグレーに見える）のジャケット（男性用は4ポケットのシングルブレスト、女性用は2ポケットのダブルブレスト）とパンツで構成され3シーズン用のT21（下に白のワイシャツと黒のタイを着用）と冬期用のT22（ベージュのワイシャツを着用）がある。生地の厚さに違いがあるが、どちらもウール製。制帽は男性がケピ帽、女性はポーラーハット。

各種徽章の装着例▶

制服（勤務服）への階級章や各種徽章の装着位置は定められている。上のイラストは第152歩兵連隊の将校（大尉）の装着例。
❶連隊徽章、❷ネームプレート、❸旅団パッチ（*第7機甲旅団パッチ）、❹パラシュート降下資格章、❺コマンドトレーニングセンターインストラクター徽章、❻職種襟章（歩兵科）、❼階級章（歩兵科の職種章が刺繍されている）、❽技能章、❾フラジェール（感状を受けたことを示す飾りひも）、❿連隊パッチ（着用者の所属部隊を示す）、⓫略授章、⓬制服ボタン（職種章が型抜きされている）

写真は勲章などを装着したT21を着用、正装した第152歩兵連隊（機械化歩兵）の連隊長。被っているケピ帽の帽頂部の色は歩兵科なので赤。

＊第7機甲旅団パッチ＝第152歩兵連隊は第7機甲旅団の隷下に置かれている。

国家憲兵隊（機動）将校 ▶

準軍事組織である国家憲兵隊は、平時は内務省隷下で司法警察活動を行なうが、有事には国防省の指揮下に置かれて軍の活動を担う。そのため軍の階級制度が導入され、将校、下士官、兵が明確に区別されている。被服の一部や装備、武器などは陸軍と共通である。イラストは機動憲兵隊将校の野戦装備。

❶ケピ帽（機動憲兵隊の将校用。帽子に巻かれた3本の金線は大尉）、❷フリースジャケット（SEYNTEX社製の防寒ジャケット。素材はポリエステル）、❸ SIG ザウアー PS2022拳銃を収納したホルスター、❹ F2迷彩戦闘服パンツ（両大腿部側面に大型のフラップ式ポケットが付いたカーゴパンツ。コットンとポリエステルの混紡製でリップストップになっている）、❺レンジャーブーツ（2つストラップで固定するトップクローザーが付いたレザー製）、❻階級略章、❼ケピ帽（兵科により帽頂部の色が異なり、将校用はイラストのように組ひも刺繍が付いている）

陸軍の階級章

勤務服（サービスユニフォーム）のショルダーストラップに取り付ける階級章。

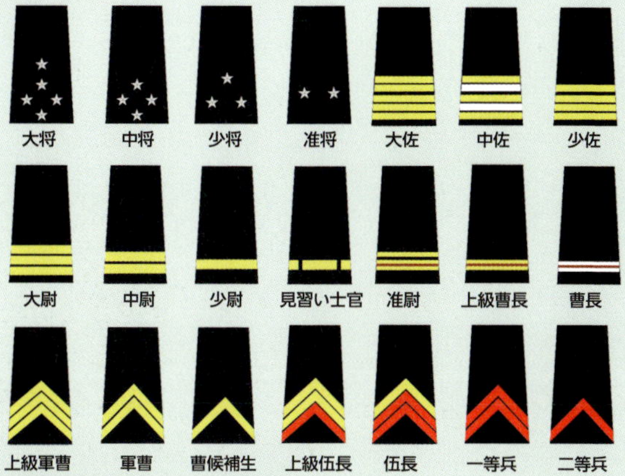

階級略章

戦闘服の前合わせに取り付ける略章で、戦闘時に目立たないようロービジとなっている。略章には、右イラストのように平時に使用する視認性の高い色を使ったものもある。

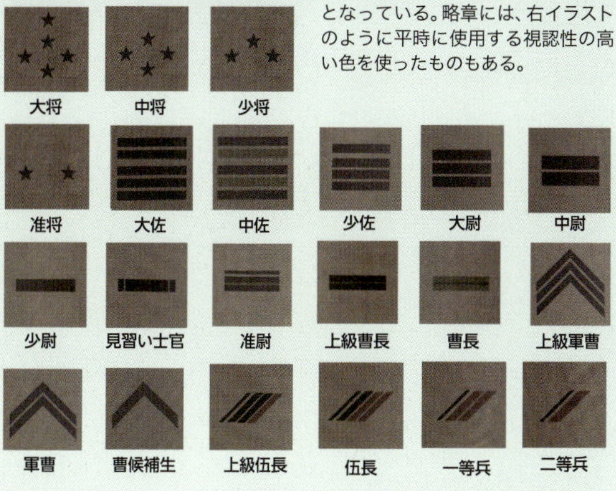

現用戦闘個人装備

フランス陸軍では2009年より*FELIN(先進歩兵戦闘システム)の配備が特定の部隊から始まっている。更新が遅れていた一般の歩兵部隊でもここ2年ほどでFELINを身に付ける兵士が増えている。

◀狙撃手の装備

イラストはH&K社のG28狙撃銃を持つ狙撃兵。フランス軍では狙撃手を歩兵部隊に直接配属している(小隊レベルにまで配属しているようで、ISAFに出動していた部隊の写真でも狙撃兵の姿が確認できる)。

❶F2コンバットキャップ(野戦用略帽)、❷G28狙撃銃(7.62×51mm NATO弾を使用する半自動狙撃銃。ドイツ連邦軍でも採用されているマークスマンライフル。装着しているのはⓐシュミットベンダー PM Ⅱ照準器、ⓑMERIN-LR暗視装置)、❸RAVタクティカルボディアーマー(コーデュラナイロン製のシェルにソフトアーマーやアーマープレートを挿入して耐弾能力を持たせている)、❹マガジンポーチ、❺FELIN T3ジャケット(ポリエステルとコットンの混紡製でリップストップ。両胸と両脇腹部分にフラップ式パッチポケットがある。2000年代から使用されるようになった)、❻FELIN T3パンツ(T3ジャケットと同素材で作られたカーゴパンツ)、❼レンジャーズブーツ

FELINヘルメットを着用した兵士。これはアメリカ陸軍のACHと同じ形状のケブラー製ヘルメットTCF(NVG V2)をFELINシステムに合わせて改良したもので、レベルⅢAの抗弾力を持つ。ヘルメット正面にFELINのオプティカルシステムを装着できる。

＊ FELIN＝次世代戦闘装備、統合歩兵装備などとも訳される。発音は「フェラン」。

CE迷彩パターン戦闘服

フランス陸軍は1990年代初頭まで迷彩服の使用を避けていた。それはフランスの汚点となったアルジェリア戦争(1954～62年)で戦った、リザードパターン(トカゲ迷彩)を使用した空挺部隊を彷彿させるからだった。CE迷彩パターン(中央ヨーロッパの植生に合わせてグリーン、ブラウン、ブラック、カーキの4色を組み合わせたもの)のF2戦闘服の採用は1991年で、現在も使用されている。2010年以降、ISAF任務によるアフガニスタン派遣を契機に、被服や装備類の更新が進んでいる。

◀歩兵軽装備

イラストは警備などの任務に就く際の軽装備で、2015年頃の歩兵部隊の女性兵士。フランス軍では女性の進出が進んでおり、戦闘任務に就く者も多い。

❶ベレー帽(歩兵部隊のベレーの色は濃紺。ベレーには歩兵部隊の金属製徽章を装着している)、❷UBASシャツ、❸CCEタクティカルベスト、❹FA-MAS(5.56×45mm NATO弾を使用する*ブルパップ式のアサルトライフル。イラストはFA-MAS F1)、❺ピストルベルト(タクティカルベストにベルトループで取り付けている)、❻F2パンツ、❼コンバットブーツ(最も使用されているレンジャーズブーツとは異なる新型)

◀UBASシャツ

アメリカ海兵隊のFROGやイギリス軍のUBASと同じデザインで、主素材はコットン。使用する地域や季節に合わせていくつかのメーカーが製造・納入しているようだ。イラストのUBASは襟および袖部分がCE迷彩だが、3カラーの砂漠用迷彩(サンド、ブラウン、ライトグレー)のものもある。

CCEタクティカルベスト▼

コーデュラナイロン製でCE迷彩。ベスト前面にはポーチなどを装着するためのベルトが取り付けられている。アメリカ軍のMOLLEアタッチメントシステムを意識したような作りだ。通気性を考えて背中部分がメッシュとなっている。重量は1.8kgと軽量。

*ブルパップ式＝機関部と弾倉を引鉄より後方に配置したアサルトライフル。銃身を犠牲にせずに全長を短縮できる。

フランス軍の戦闘服

F2戦闘服には1990年代に使用された旧型と現用型がある。どちらも基本的なデザインは変わらないが、旧型はオリーブグリーン単色とCE迷彩があり、ジャケットの丈が若干長く、両腰部にはフラップポケットが付いていた。現用型はCE迷彩のみで、ジャケットの丈が短く、フラップポケットは廃止されている。パンツはカーゴパンツで、ブーツのトップエンドの位置にパンツの裾部ゴム絞りがくるように着用する。またISAFでアフガニスタンへ派遣、実戦経験を通して開発されたのがFELIN戦闘服。2008年頃から開発されたFELIN戦闘服にはT3とT4のバージョンがある。

F2戦闘服は行事などで使用される准正装ともなる。写真はT31(F2に各種徽章や勲章の略授章を付けたサービスドレス)でパレードする第1スパッヒ連隊(装甲偵察部隊)の軍曹。

▼ F2迷彩戦闘服

F2戦闘服はCEパターンのジャケットとパンツで構成され、アメリカ陸軍のACUのように戦闘時以外のサービスドレスとしても着用される。素材はコットンとポリエステル混紡製でリップストップ。
❶左の襟口内側には胸当てを収納(広げると襟口から風が吹き込まない)、❷ファスナー開閉式垂直スリットポケット、❸隠しボタン式の上衣の前合わせ(ボタンは5個)、❹ゴムの絞りが付いた裾口の両側部分、❺シャツカフス式でホック留め袖口、❻ジップフロント、❼ゴムの絞り付きの裾部、❽隠しボタン式のフラップが付いたカーゴポケット、❾フォワードポケット

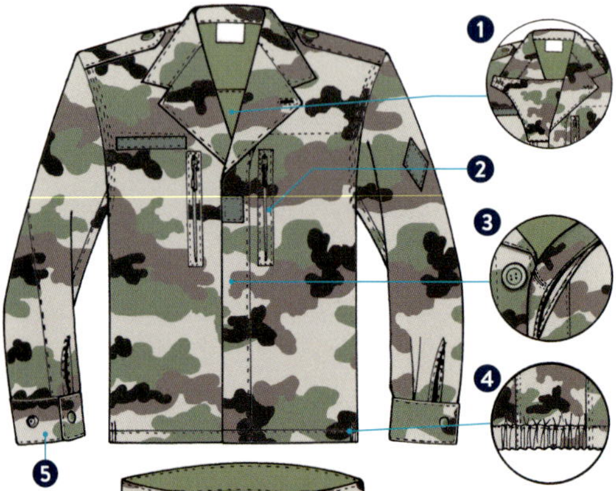

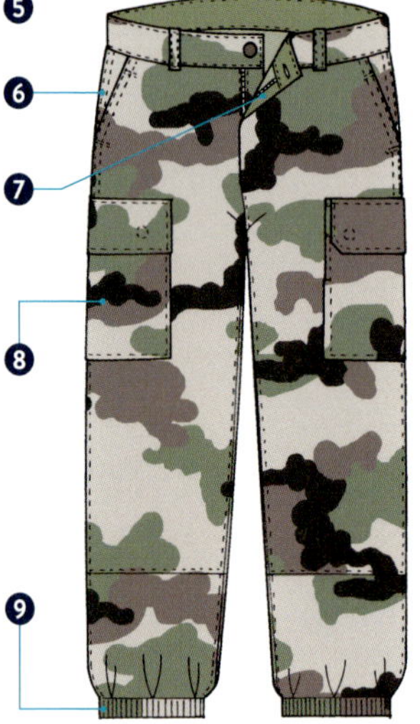

FELIN T4戦闘服 ▶

2010年頃から配備が始まったFELIN T4戦闘服のジャケットとパンツ。3シーズン対応でポリエステルとコットン混紡製でリップストップ。F2戦闘服よりジャケットの丈が長く、大型ポケットが付けられ収納容量が大きくなっている(似たデザインの戦闘服にT3があるが、両腰部のポケットのボタンがシングルになっている)。
❶襟を立てて風よけにできる、❷ファスナー式スリットポケット、❸腰部フラップ付き大型カーゴポケット(ダブルボタン留め式)、❹フラップ付きカーゴポケット、❺裾部締めひも、❻膝部補強生地(ポケットになっている)、❼ジッパー式の前合わせ、❽腕部フラップ付きカーゴポケット

先進歩兵戦闘システム“FELIN”

先進歩兵戦闘システムとは、各種視察装置や情報端末装置により歩兵の生残性を高め、効率よく戦闘を行なわせようとするもので、フランス陸軍のFELINは2010年に実戦配備。初期生産分は第1機械化歩兵旅団隷下の第1歩兵連隊に納入された。アフガニスタンでも使用されている。世界に先駆けて実戦配備となった先進歩兵戦闘システムであるFELINは、総重量24kg、2個のバッテリーにより72時間の運用が可能(バッテリーはVBCIやVABなどの歩兵戦闘車両に搭載した装置で充電できる)。システムは全天候下で使用できる視察・照準装置、ヘルメット装着式ディスプレイ装置、GPS、無線機、それらを管理・稼働させる小型コンピュータ、コントローラー、バッテリー、各装置を収納し接続する配線が施された電子ジャケットで構成される(各国で開発が進められている先進歩兵戦闘システムと基本的に同じ構成)。FELINは現在も配備を進めながら改良が行なわれ、第2世代のFELIN V2の開発も進められているという。

◀ FELIN

❶ヘルメット装着式オプティカルシステム(一体型のカメラおよびディスプレイ装置)、❷ボディアーマーと一体化した電子ジャケット(システムのケーブルやコネクタが邪魔にならないように内蔵されている)、❸ PEP(小型コンピュータ)収納部(ポータブル電子プラットフォームと呼ばれるシステムの中心をなす小型コンピュータを収納)、❹コントローラー(システムの制御装置)、❺ウェポンサブシステム(光学および赤外線カメラ機能を持つ照準／視察装置でFA-MASのアッパーフレームに装着する)、❻バッテリー(充電式リチウムイオン電池)収納部、❼インフォメーションネットワークシステム(デジタル情報を部隊全体で共有できる無線システム)、❽バヨネット(銃剣)

FELINシステムは約1100個の初期生産分が2010年に納入され、2016年には約2200個が納入される予定。1個あたりの価格は開発費を含めて日本円で約585万円と高額である。

ソ連軍の主力を継承して成立した

ロシア連邦陸軍

6B26ケブラーヘルメットを被り、ボディアーマーを装着したロシア国内軍（内務省の軍事組織）の兵士。ロシア軍や公安局の特殊部隊が使用するゴルカー3と呼ばれる山岳用ユニフォームの上下を着用している。防水加工を施したコットン製で、上着はマウンテンパーカー仕様になっている。写真のタイプのほかに、肩および肘当て、ポケットのふた部分が迷彩柄になっているものもある。ロシア内務省は国内重要施設の警備、テロや非合法武装組織などの犯罪に対処するために、連邦軍とは別に約110万人という大規模な国内軍を保有していた（現在は国家親衛隊に改編）。国内軍の活動はロシア国内に限られるが、ロシア陸軍と同じ師団・旅団編制を採り、構成員の身分は軍人である。あくまで軍事作戦を任務とする組織であり、内務省管轄だが犯罪捜査などの警察活動には従事しない。内務省は他に、精鋭兵士を集めたOMONやSOBR、国内軍スペツナズのような特殊部隊も編制している。

1992年に旧ソ連軍を継承して創設されたロシア連邦軍は、陸軍、航空宇宙軍（他国の空軍に相当）、海軍、および戦略ロケット軍、空挺軍の3軍種2独立兵科で構成されており、現役兵員総数は約77万人とされる。

これらの中で陸軍は兵員数約23万人。西部・南部・中央・東部の4つの軍管区に分かれて配置されている。

ロシア連邦陸軍の階級章

ロシア連邦陸軍の階級章にはパレード用、勤務服用、戦闘服用がある。イラストは戦闘服用の略章で、基本的に連邦軍共通のもの。

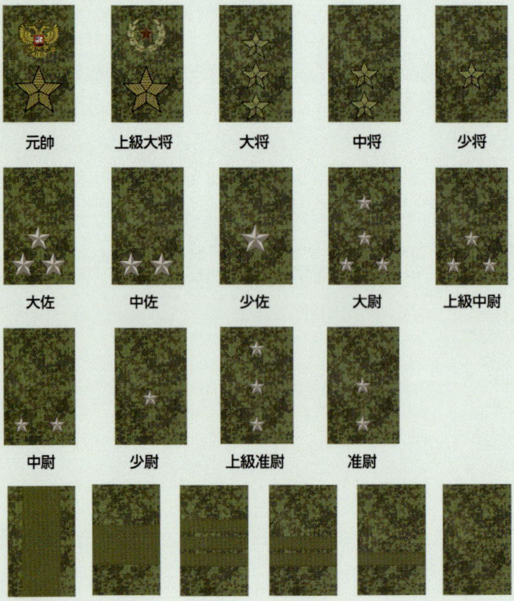

VKBO迷彩戦闘服を着用したロシア空挺軍の将校。両肩に戦闘服用の略章を付けている。ブルーのベレー帽とストライプのアンダーシャツは空挺軍のトレードマーク。

ロシア連邦陸軍歩兵装備

2010年から使用されているデジタルフローラ迷彩の戦闘服は、ロシアのファッションデザイナー、バレンティン・ユダシュキンがデザインした。とはいえ機能性よりファッション性を重視したデザインで様々な問題があり、最終的な形が決まったのは2010年だった。現在、デジタルフローラ迷彩服は2010年型、2012年型、最新型のVKBOがある(それぞれ迷彩パターンおよびデザインが異なる)。イラストは10年型の戦闘服に迷彩カバーをかけた6B26ヘルメットを被り、6B13ボディアーマーとGrad-2タクティカルベスト(いずれもデジタルフローラ迷彩)を着用した現在のロシア陸軍歩兵。ヘルメットに装着している旧ソ連時代のデッドストック品のダストゴーグルは、在庫が大量にあるようで、6B34ダストゴーグルが普及している現在でも使用している兵士が多い。他の国の軍隊と同様に、ロシア軍も装備の調達が進んでいないようで、個人装備に関しては部隊によりかなりの違いがある。なお、最新の個人装備ではアメリカ軍のPALSをまねたウエビングテープが付いたボディアーマー6B43などが使われている。

ちなみに6B13とか6B43といった数字とアルファベットはGRAUコードと呼ばれるもので、ロシア連邦国防省のミサイルおよび砲兵総局が軍需品や機器などの分類に割り当てている認識番号だ。たとえば6は小火器・個人装備、Bはボディアーマーなどの個人防護装備、PはAKMなどの銃器類、SHならタクティカルベストやそれに付属するポーチ類などを指している。おもしろいところでは弾道ミサイルの8Aなどというコードもある。

❶6B26ケブラーヘルメット
❷旧型ダストゴーグル
❸携帯無線機(R-169P-1やP-168-0.5YMなどが使用されている)
❹6B13 Zabraloボディアーマー
❺デジタルフローラ迷彩戦闘服(2010年型)上下
❻AN-94アバカンアサルトライフル(5.45×39mm弾を使用するAK-74Mの後継銃)
❼GP-30グレネードランチャー
❽Grad-2タクティカルベスト

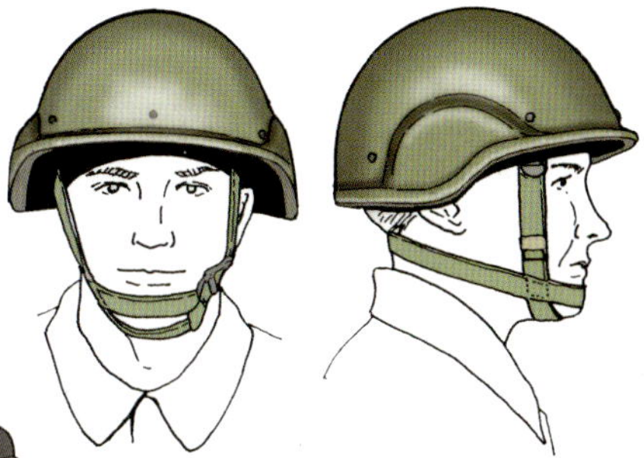

▲6B26ケブラーヘルメット

日清・日露・日中・太平洋戦争を戦い抜いた

大日本帝国陸軍

日本陸軍は大日本帝国の独立と権益を守る陸上の軍事組織として、明治4年（1871）の建軍以来、昭和20年（1945）の敗戦まで4つの戦争を戦い抜いた。部隊編成は総軍・方面軍・軍・師団・集団・旅団・団という編制を採り、それらを構成したのは連隊や大隊という部隊編成単位であった。また職種という点では、兵科（歩兵・砲兵・騎兵・工兵・輜重兵《しちょうへい》・航空兵などの戦闘職種と憲兵）と支援職種に区分されていた。

日本陸軍の階級は、将校・准士官・下士官・兵に分かれていた。将校は大将から少尉までの階級で、正確には将校と呼ばれる部隊指揮官になれる歩兵・砲兵・騎兵などの兵科士官と軍医や主計などの将校相当官がいた。

建軍以来、兵科士官のみが将校と呼ばれたのは海軍と同様だったが、昭和12年（1937）に将校相当官制度は廃止され各部将校と呼ばれるようになった。それまで支援職種の各部士官は将校相当官として一等軍医正とか一等薬剤官、二等主計などと呼ばれていたが、改正以降は軍医大佐、薬剤大尉、主計中尉となった（この改正により准士官や下士官も衛生軍曹、主計伍長などと階級で呼ばれるようになった）。

准尉、特務曹長などの准士官は、下士官・兵を統率するとともに将校と下士官・兵の間をとりもつ上級下士官のような位置で、士官に準ずる待遇を受ける。下士官は曹長から伍長までで、士官の下、兵の上に位置して直接兵を指揮する。兵は兵長から二等兵までの兵卒である。

これらのうち、下士官以上は陸軍武官と呼ばれ、将校は勅任官および奏任官（明治憲法下における官吏区分の高等官）、准士官および下士官は判任官（高等官の下の官吏）であり、天皇の官制大権および文武官の任免大権に基づいて任命された官吏だった。

日本陸軍の階級章と各種徽章

▼昭5式軍衣の襟章章

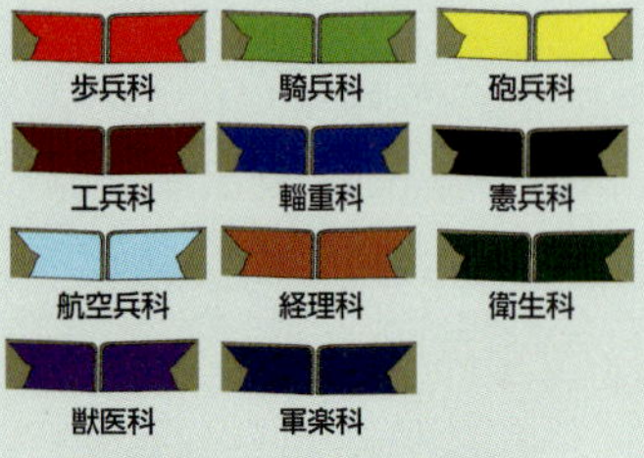

▼襟章に付けた隊号章

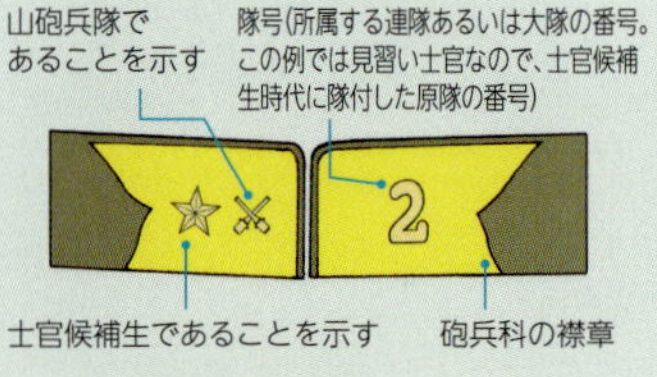

▼昭和13年改定以前の階級章（肩章）

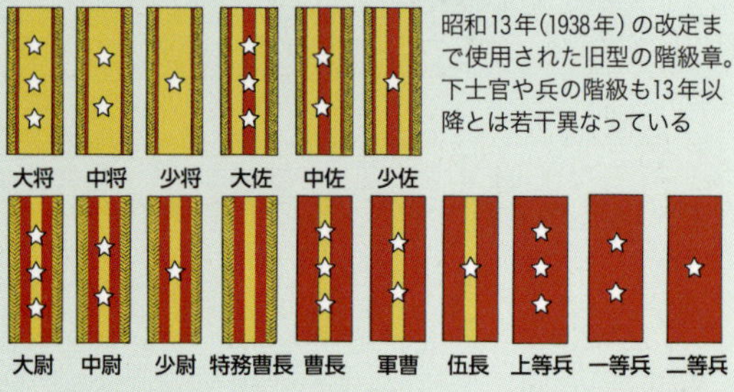

昭和13年（1938年）の改定まで使用された旧型の階級章。下士官や兵の階級も13年以降とは若干異なっている

昭和に入って最初に制定された昭5式軍衣（1930年制定。次々頁参照）では、士官・下士官・兵ともに詰襟の喉部分に兵科部区分（歩兵・騎兵・砲兵・工兵・輜重兵・憲兵・航空兵の兵科と経理科・衛生科・獣医科・軍楽科の各部の区分）を定色（兵科部ごとに定められた色）で表した布製の鍬型襟章を付けた。さらに襟章の上に金属製の隊号章も付けていた。ただし、兵科の将官は兵科区分がないので襟章は付けなかった。

＊昭和12年＝同年以降、尉官を士官、佐官を上長官と呼ぶ制度も廃止されている。

▼昭和13年改定の階級章

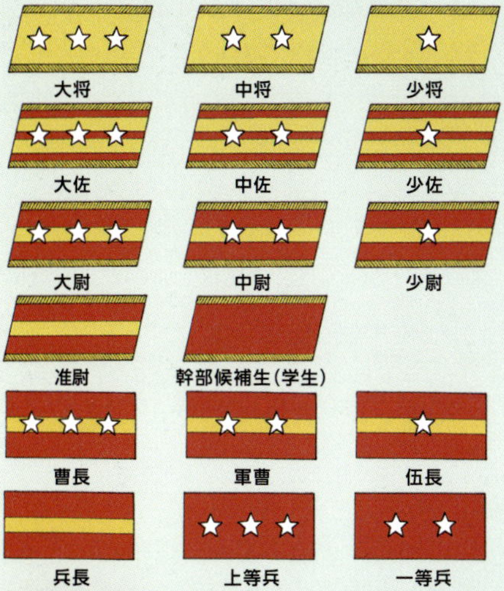

昭和13年からは襟章となり、16年の改正まで使用された。16年の改正では星の並び方が変わり、さらに18年の改正では尉官以下の階級章の形が変わった。

▼昭和18年改定の階級章

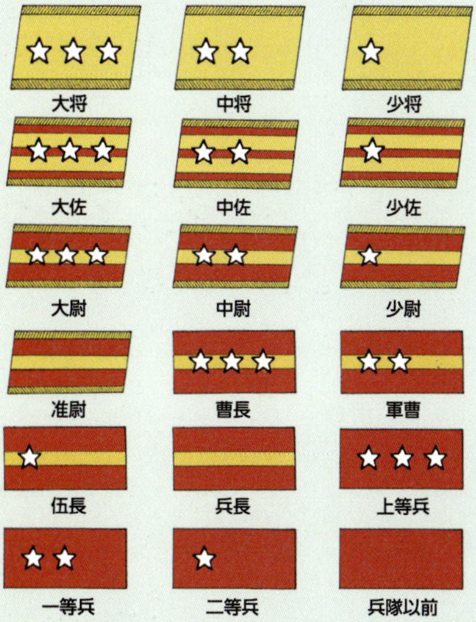

昇進ごとに階級章を替えることになるという経済性の問題や軍秩序維持の目的から、昭和18年に再び階級章が改定された。また識別しやすくするために、それまで大将から二等兵まで同じ大きさだったものを、大将は縦30mm、横45mm、佐官は縦25mm、横45mm、尉官以下が縦20mm、横45mmと大きくした。

▼98式軍衣襟

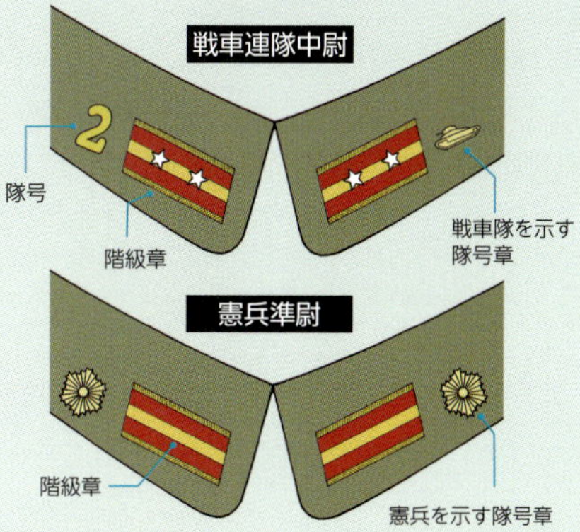

昭和13年の改定以降、98式軍衣では兵科の士官・下士官・兵は襟に階級章や隊号章を付けた。やがて太平洋戦争が始まった昭和16年以降になると、秘匿上の問題から憲兵や見習い士官を示す一部の隊号章以外は使用されなくなった。

▼胸章(兵科部区分)

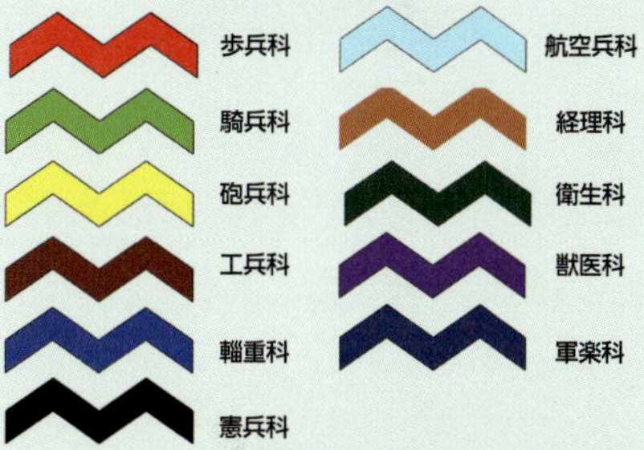

昭和13年に詰襟式の昭5式軍衣に替わり、折り襟式の98式軍衣が制定され、襟章も廃止となった。それにともない新たに兵科部区分を示す定色の山形胸章が制定された。色分けされた布製の胸章は左胸に着用したが、昭和15年には廃止となった。

▼昭和16年の兵科色の改定

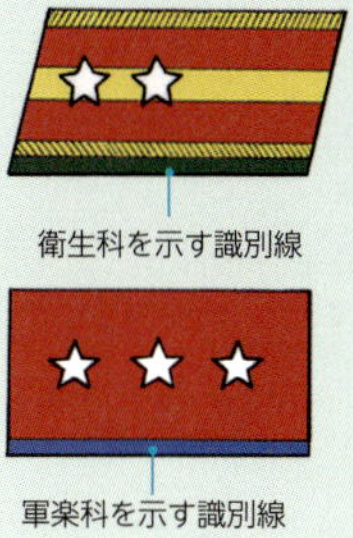

昭和15年に憲兵科を除き兵科区分(歩兵・騎兵・砲兵・工兵・輜重兵・航空兵の区分)が廃止されたことで、山形の兵科章も廃止。これにともない兵科と各部を識別できるよう昭和16年に改定、各部の士官・下士官・兵は所属する各部の識別線を付けた階級章を着用するようになった。一方、兵科は一部が隊号章の金属徽章を襟に付け識別した。

戦況の悪化で劣化した日本陸軍の軍服

日本陸軍の軍服（軍衣袴）は昭和に入ってから昭5式軍衣、98式軍衣、3式軍衣と変わっている。軍衣とは通常勤務や野戦で着用する上衣のこと。将校および准士官は長袴（勤務中や営内で着用するズボン）または短袴（野戦用のズボン、乗馬ズボン）と、下士官・兵は短袴とそれぞれ組み合わせて使用した。

昭5式軍衣および短袴

昭5式軍衣は昭和5年(1930)に制定された軍衣で、詰襟式の上衣に肩章式階級章と兵科部の定色の襟章を装着するのが特徴。イラストは将校用の昭5式軍衣と短袴。軍衣と短袴には夏用と、裏地の付いた冬用があった。軍衣は陸軍創設以来ずっと詰襟だったが、昭5式軍衣が最後の詰襟となった。制定された昭和5年頃はまだ物資に余裕があり、将校用は軍服の生地に上質なウールを使用し、袖に折り返しが付いていた。また私物なので襟の高さなどのデザインを好みにあつらえることができた。ちなみに昭5式では将校・下士官兵ともに後ろ見頃が2枚はぎになっていた。

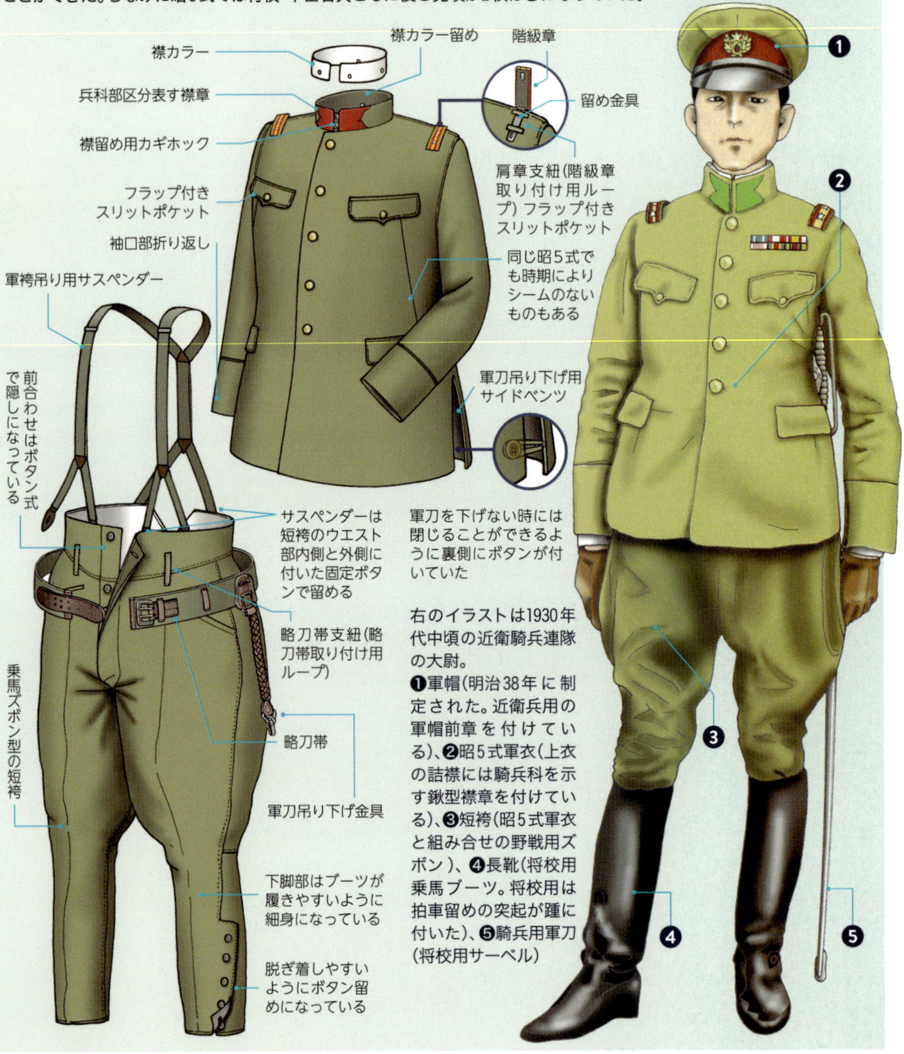

右のイラストは1930年代中頃の近衛騎兵連隊の大尉。
❶軍帽(明治38年に制定された。近衛兵用の軍帽前章を付けている)、❷昭5式軍衣(上衣の詰襟には騎兵科を示す鍬型襟章を付けている)、❸短袴(昭5式軍衣と組み合せの野戦用ズボン)、❹長靴(将校用乗馬ブーツ。将校用は拍車留めの突起が踵に付いた)、❺騎兵用軍刀(将校用サーベル)

3式軍衣（改3式型の98式軍衣）

戦況が逼迫するなかで昭和18年(1943)、物資不足や生産性の向上などの理由から軍服も簡略化され、勅令774号に基づいて3式軍衣が制定された。基本的に*98式軍衣と変わらないデザインだったが、3式軍衣では上衣と下衣の短袴の生地の質が低下、上衣では肩部分の正肩章の取り付け穴や鏑袖(袖口部分の折り返し)などが廃止されるとともに、それまでオーダーメイドだった将校用すら既製品が普及するようになった。一方、3式軍衣を使用せず、質や作りがよかった98式軍衣を改定に合わせて改修して着用する将校も多かった。主な改修点は改定された階級章を襟に付けたり、両袖に階級を示す袖章を付けたこと(准尉以上)。
イラストは、略帽に改3式型の98式軍衣・袴、長靴を着用し、装備品を付けた略装の戦車部隊将校(中佐)。

❶将校用略帽、❷昭和18年改定の階級章、❸98式軍衣(昭和18年の改定に合わせて98式軍衣を改修した服)、❹図嚢(地図入れ)吊り帯、❺拳銃嚢吊り帯、❻隊長章(佐官用)、❼拳銃革帯および拳銃弾嚢、❽98式軍刀、❾袖章(昭和18年の改定により軍衣にも袖章が付くようになった。袖章は10mm幅の線章と星型の金刺繍を施した円形台座で構成され、線章は将官3本、佐官2本、尉官1本。また円形台座は大＝将官、中＝佐官、小＝尉官。イラストは中佐なので中を2個付けている)、❿短袴(野戦用ズボン)、⓫戦車帽(布製の戦車搭乗用ヘルメット。イラストは初期型)、⓬長靴

▼後面の装備品

❶94式拳銃嚢、❷図嚢、❸98式軍刀(軍衣の下に着用した略刀帯の吊り金具で軍刀を直接吊った状態)。ⓐ略刀帯、ⓑ吊り金具、ⓒ軍刀吊環、ⓓ略刀帯の吊り革、ⓔ94式拳銃(昭和9年に採用された口径8mmの軍用銃)、ⓕ94式拳銃嚢

＊**98式軍衣**＝次頁を参照。制定された昭和13年(1938)が皇記2598年にあたるため98式と呼んだ。

日本陸軍でも将校と下士官・兵では装備が大きく異なった

兵の場合、入隊と同時に必要なあらゆる装備が支給される。しかし、すべてが借り物だから、ひとつでもなくすわけにはいかない。なくなれば他人のものを盗んででも員数をあわせねばならなかった。これに対して将校（准士官および見習い士官も）はすべてが*自己負担で買いそろえた私物だった。

将校軍装

98式軍衣および軍袴は1938年に制定された軍服で、それまで両肩に付けていた階級章は98式から両襟に付けるようになった(この改定で階級章の形状も変化している)。これにともない戦場や演習時にのみ使用されていた略帽を制式化、常時使用とした(当初は正帽も使用されていた)。軍衣軍袴は将校、下士官／兵ともに似たようなデザインになっているが、実際には生地から造りまで大きく異なっていた。

❶略帽、❷98式軍衣上衣、❸隊長章、❹拳銃帯、❺14年式拳銃嚢、❻図嚢、❼98式軍衣短袴(野戦用)、❽長靴、❾軍刀(野戦用に革の鞘を巻いたもの)、❿眼鏡嚢、⓫拳銃弾嚢、⓬胴締め、⓭階級章(昭和13年改正版)

＊自己負担＝将校の個人装備一式で、約700円(現在の150万円程度)ほどかかった。

下士官・兵用軍装

鉄帽を被り98式軍衣を着用、個人装備を装着した下士官・兵の完全武装。ちなみに弾薬嚢(30年式)や背嚢といった個人装備は材質に変化があるものの、基本的に大正時代から変化していない。

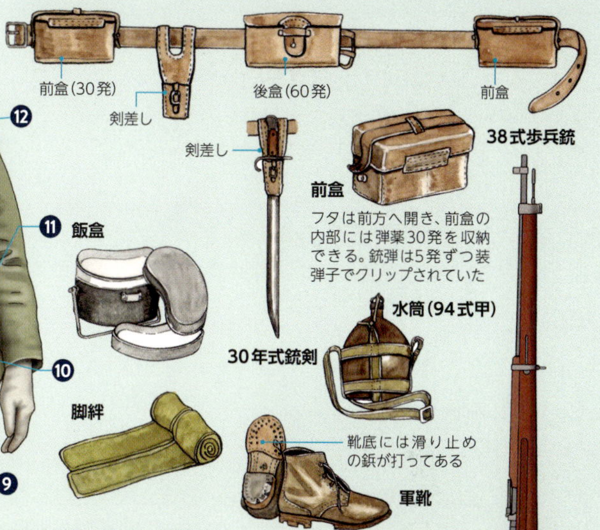

❶鉄帽、❷背嚢に巻いた外套、❸98式軍衣、❹水筒、❺軍袴、❻38式歩兵銃、❼脚絆(ゲートル)、❽軍靴、❾銃剣、❿被甲嚢(ガスマスクケース)、⓫前盒(小銃弾30発入り)、⓬背嚢背負いひも、⓭階級章(伍長)

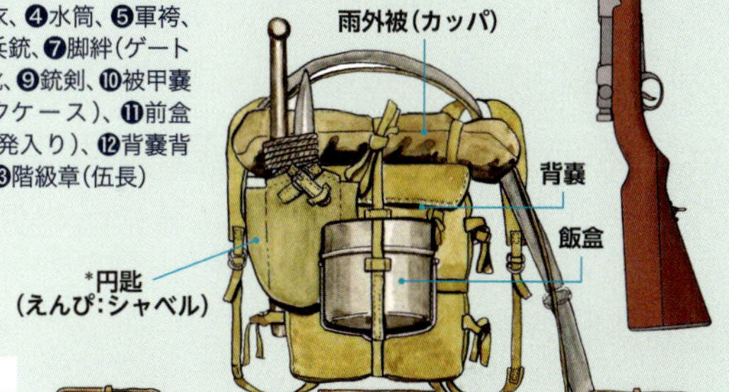

▲歩兵用個人装備(完全装備)

▼背嚢の中身

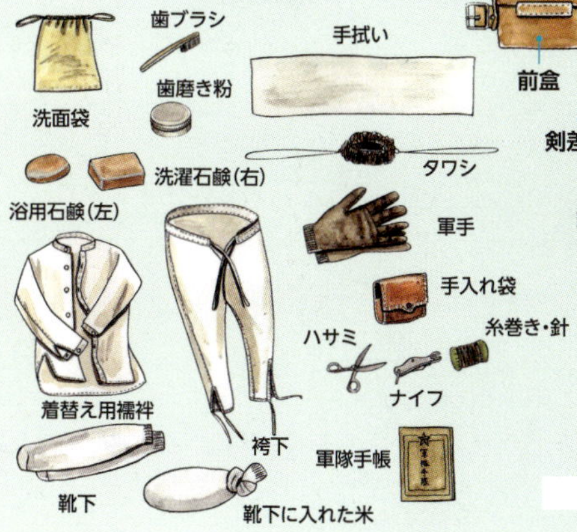

＊円匙＝ほんらい「えんし」と読むのが正しいが、なぜか「えんぴ」と呼ばれる。

軍刀を重視した日本陸軍

他国の軍隊では戦車の発達とともに騎兵が衰退し、兵器としての価値を失った軍刀は野戦で使用されなくなり、勤務時に帯刀することもなくなった。一方、日本軍では、特に陸軍は歩兵から航空までの将校・准士官（兵種によっては下士官・兵も含めて）が戦場でも携帯していた。武器というよりは威厳や士気の鼓舞が理由だったのだろう（将校は私物で軍装品、下士官・兵は官給品で兵器として扱った）。

日本陸軍において軍刀が制定されたのは明治19年（1886）のことで、それから昭和9年（1934）に通称94式と呼ばれる半太刀拵え（はんだちこしらえ）の軍刀が制定されるまでサーベル型が使用されていた。明治から大正にわたって使用されたサーベル型では日本刀の製造方法で造られた刀を刀身としており、しっかりとした造りになっていた。

やがて昭和に入り、満洲事変、日中戦争と戦争が進むにつれ、急激な軍備拡張で軍刀の需要も高まっていった。昭和に入って制定された軍刀には将校・准士官用だけでも通称94式、98式、3式（昭和18年制定のより簡略化した軍刀）まであるが、これらは陸軍服制により外装がおおまかに定められたものであり、刀身にまでは言及していない。そのため伝来の日本刀を仕込んだものから昭和刀のような工業製品を仕込んだものまで様々な軍刀が存在した。

ちなみに昭和刀とは機械製造による工業生産品の刀身であり、日本刀のように折り返し鍛錬をせず、そのまま日本刀の形に成形して焼き刃を入れた完全機械生産品から、日本刀のように手作り行程を入れた製品まで様々あった。時代が下り戦局が悪化するにつれ、物資不足と製造工程の省略などから前者のような粗悪なものが主流を占めていった。昭和刀が本来の日本刀のような切れ味を持たず、悪評が高かったのはこのためだった。

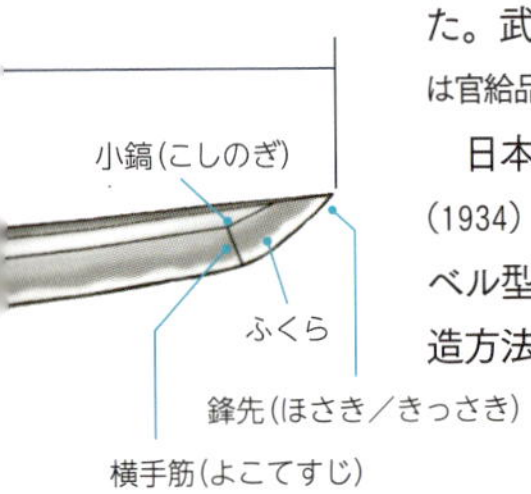

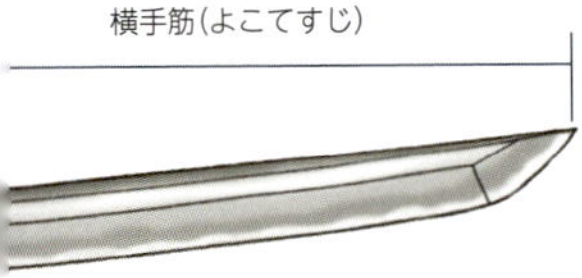

▲▼昭和9年制定（通称94式）

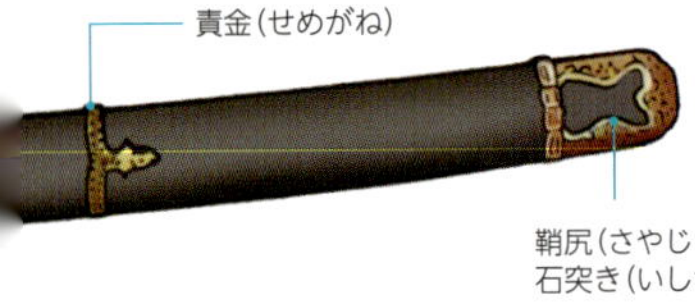

日本陸軍の軍刀の種類

▼昭和13年制定（通称98式）

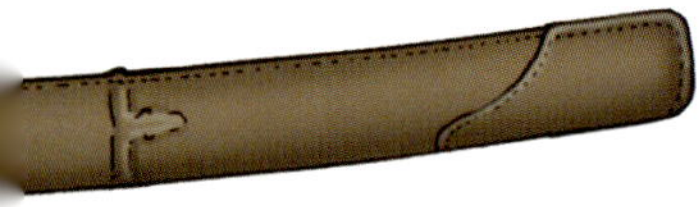

和洋折衷だった軍刀に古来の日本刀のデザインを取り入れ半太刀拵えとし、さらに実戦経験を取り入れて作られたのが昭和9年(1934)に制定された通称94式と呼ばれる軍刀(将校·准士官用の軍刀で官給品ではないので正式には○○式とはいわない)。一方、昭和13年の服装改定に合わせて制定されたのが通称98式と呼ばれる軍刀で、佩環が1個になった意外はほとんど94式と変わらない。イラストは98式を野戦仕様にあつらえたもの。

▼陸軍32年式軍刀

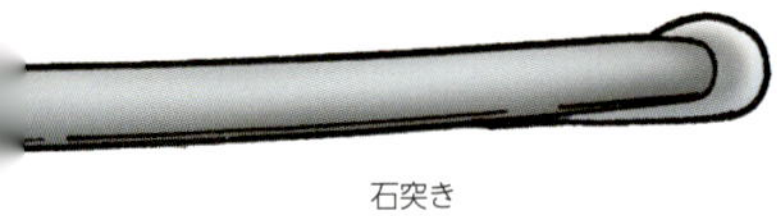

32年式軍刀は明治32年に制定された官給品のサーベル型士官兵用刀。騎兵用の甲と輜重兵用の乙があり、甲は乙よりも刃長が6.2cm長い83.6cm、全長は100.2cm。騎兵用の甲は終戦まで製造されている。ちなみに昭和12年頃から騎兵連隊が機械化され捜索連隊となっていったが、騎兵第3および4は昭和20年まで乗馬編制だった。

▼両手握りサーベル型軍刀（尉官用）

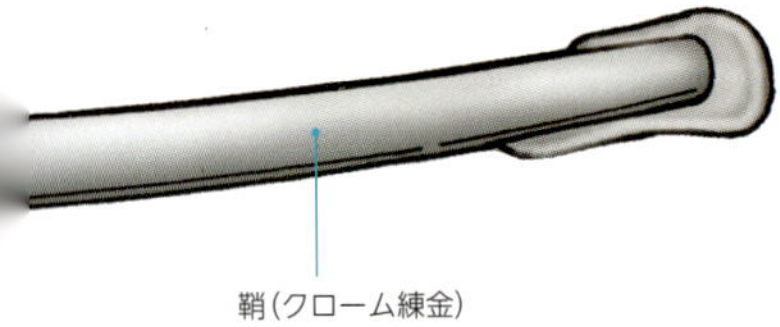

外装がサーベル型の軍刀だが、中身は日本刀が仕込まれている。柄は日本刀のように両手で握ることができるように大きく作られていた。イラストは尉官用なので背金の模様もシンプルになっている。将校・准士官用サーベル型軍刀は明治19年に制定された。

刀身（打刀）の各部名称

日本刀には太刀（たち）と打刀（うちがたな）があり、後者は室町時代以降主流となった刀で、刃が肉厚で刀身も短く、頑丈さと扱いやすさを重視してより実戦向きに作られている。通常、日本刀といえば打刀を指すことが多い。ちなみに軍刀の半太刀拵えとは、大まかにいうと刀身自体は打刀だが、太刀の金具を使い太刀仕様にした刀のこと。軍刀の刀身は打刀なので、ここでは打刀の各部名称を取りあげた。

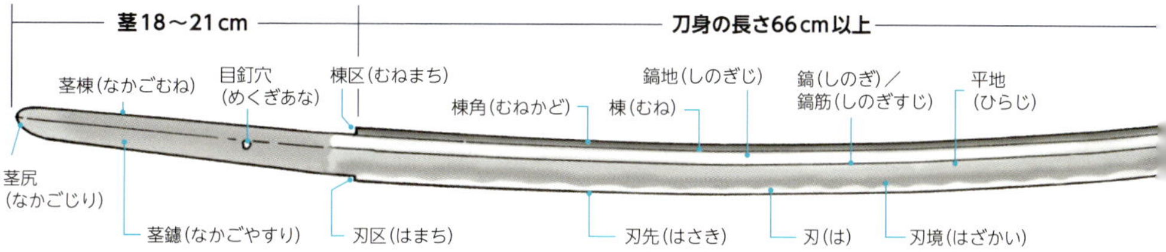

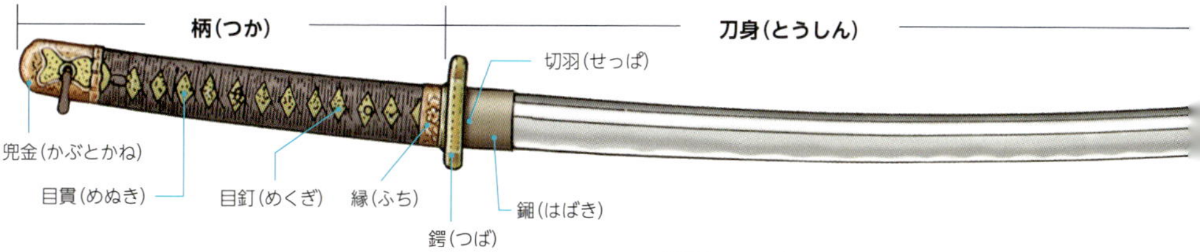

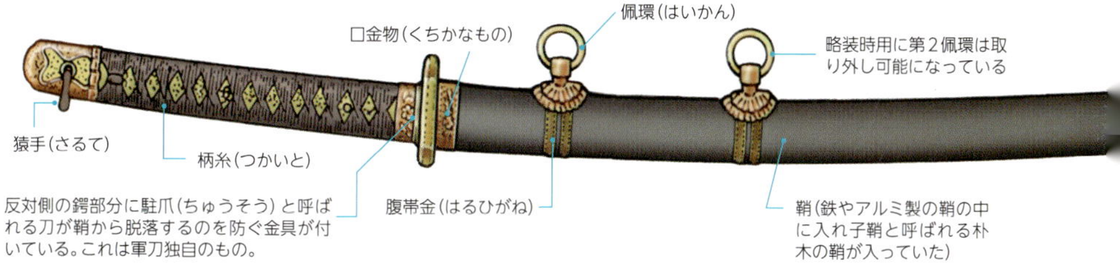

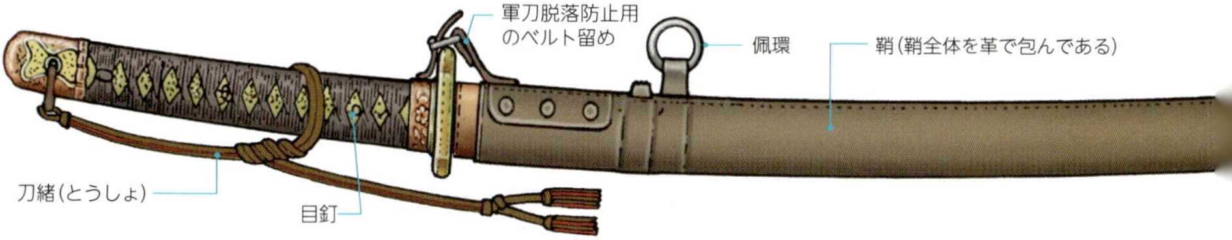

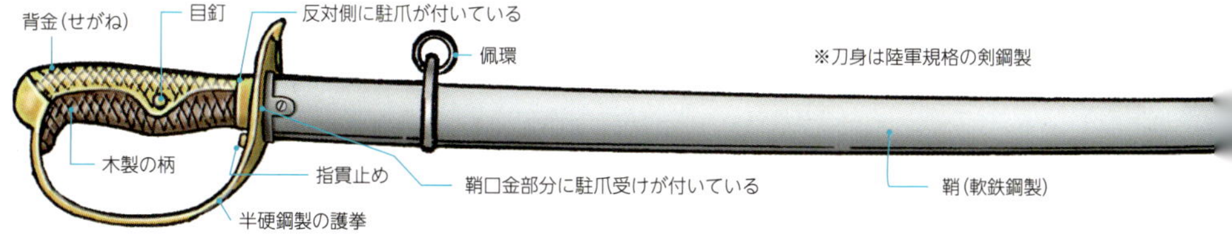

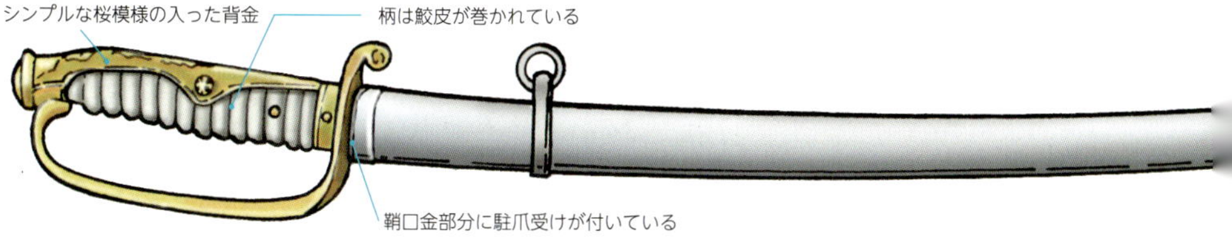

再軍備で生まれた専守防衛の軍隊

陸上自衛隊

冷戦体制下の1950年代に、陸上における国土防衛のために創設された陸上自衛隊だが、現在はテロリズムや領海をめぐる問題など、新たなる脅威に対処しなければならなくなった。また近年頻発する災害出動でも活躍している。

陸上自衛官が着用する服装*（戦闘服装以外）には、常装、礼装（第一種礼装・甲および乙、第二種礼装、通常礼装）、作業服装、甲武装、乙武装がある。

自衛官が職務の際に通常着用する制服が常装で、他国の勤務服《サービスドレス》に相当する。常装には夏服と冬服があり、夏服は薄手の生地が使用されているが基本デザインは同じである。夏服には第一種、上衣を着用せずワイシャツとタイだけの第二種、半袖ワイシャツにタイを着用しない第三種がある。冬服上衣および第一種夏服上衣には、甲種階級章および職種徽章、防衛記念章などを装着するが、第二種および第三種夏服では布製の乙種階級章を付け、職種徽章などは省略する。

第一種礼装・乙で観閲式の行進を行なう看護学生。曹士の第一種礼装・乙は写真の常装冬服または夏服に白手袋を着用する。さらに准陸尉以上の幹部は常装に礼服用階級章を取り付けて第一種礼服・乙とする。女性用の常装は、濃緑色のスーツ上下、スーツの下にはワイシャツと濃緑色のタイを着用、黒革靴を履いて正帽を被る。上衣は男性用と前合わせが逆、ウエスト回りが絞られたX型のデザインで、両胸部分にはポケットがなく、両腰部分にフラップ付きスラントポケットが付けられている。女性用の常装にはスラックスとスカートがあり、スカートは膝丈のセミタイトスカートで、後部にスリットが入る。

陸上自衛隊の階級章

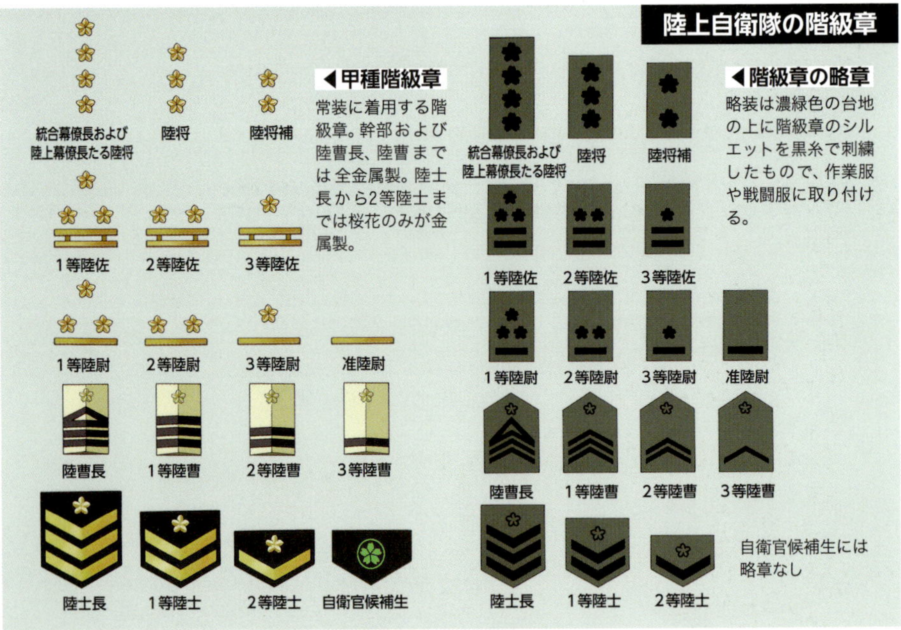

◀甲種階級章

常装に着用する階級章。幹部および陸曹長、陸曹までは全金属製。陸士長から2等陸士までは桜花のみが金属製。

◀階級章の略章

略装は濃緑色の台地の上に階級章のシルエットを黒糸で刺繍したもので、作業服や戦闘服に取り付ける。

＊**着用する服装**＝このほかに特別儀仗服、演奏服などがあるが一般の隊員は着用しない。

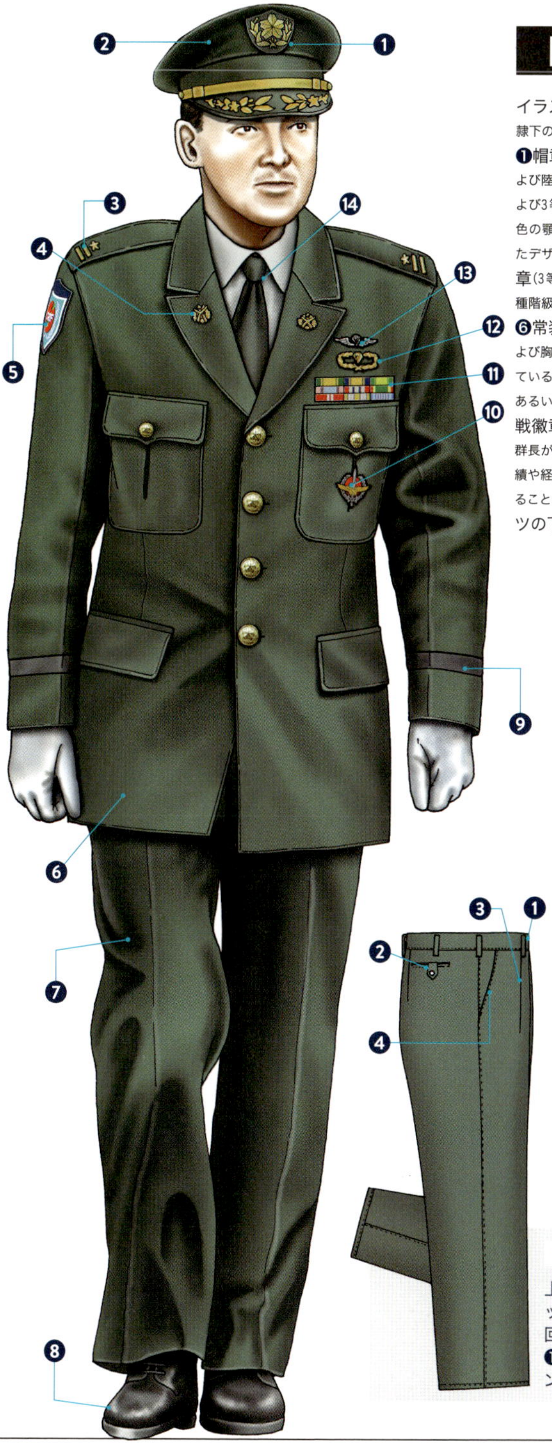

陸上自衛官の常装(冬服)

イラストは常装(冬服)を着用した陸自普通科3佐(中央即応集団隷下の第一空挺団本部所属)。

❶帽章(帽章は桜星を桜葉とつぼみで覆ったデザインになっている。幹部および陸曹まではデザインが共通で、陸士長以下は異なる)、❷正帽(准陸尉および3等陸尉以上の幹部は金色の顎ひも、陸士長から2等陸士までの曹士は黒色の顎ひもが付く。また3等陸佐以上は鍔の上面に桜花と桜葉を組み合わせたデザインの金刺繍:通称「スクランブルエッグ」が施されている)、❸階級章(3等陸佐。幹部は常装の冬服および夏服のショルダーストラップ部分に甲種階級章を付ける)、❹職種徽章(普通科)、❺部隊章(中央即応集団)、❻常装上着(イラストは91式冬服、生地がウール製で前合わせのボタンおよび胸部ポケット・フラップの金属製ボタンには打ち出しの陸自マークが入っている)、❼常装スラックス、❽黒革靴(常装着用時の靴は黒の半長靴あるいは短靴と定められている)、❾黒の飾り帯(幹部のみ)、❿特殊作戦徽章(着用者が特殊作戦の技能を有することを示す。自衛隊施設内および群長が必要と認めた場合のみ着用できる)、⓫防衛記念章(職務遂行の功績や経歴、補職などを記念したもの。着用者が外国勤務や外国訓練経験者であることなどがわかる)、⓬レンジャー徽章(甲)、⓭空挺徽章、⓮スーツの下には白いワイシャツと濃緑色のタイを着用

常装上衣▶

襟型が❶セミピークドラペルで、シングルブレステッドのジャケット。肩部分には取り外し可能な❷ショルダーストラップが付き、幹部は階級章を装着する。両胸部分にはスリットの入った❸フラップ付きパッチポケット、両腰部分に❹フラップ付きスリットポケットが付けられている。それぞれのポケットの間には❺ウエストシームが入る。イラストは冬服上衣だが、第一種夏服上衣もデザインは同じ。また幹部、曹士ともに常装の基本デザインは同じで、階級章や徽章の取り付け方が異なっているのみ。❻礼装用階級章取り付けループ

◀常装スラックス

上着と共布で、裾へ向かって先細りになるシルエットを持つテーパードスラックスに近い形状。腰回りにゆとりを取るようにタックが入っている。❶ベルトループ、❷ヒップポケットを詰めるボタンタップ、❸タック、❹フォワードポケット

陸上自衛隊の各種徽章と常装への装着法

幹部候補者徽章

幹部候補者に指定されている陸自自衛官が着用

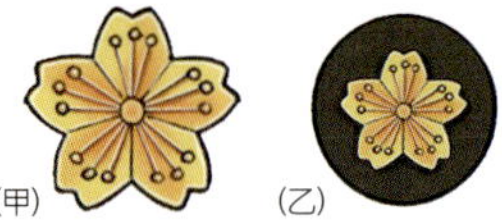

(甲)　(乙)

陸曹候補者徽章

陸曹候補者に指定されている陸自自衛官が着用。一般陸曹候補学生および看護学生は甲章、それ以外の者は乙章を付ける

▼幹部用常装の徽章類の取り付け位置

▼陸曹および陸士用常装の取り付け位置

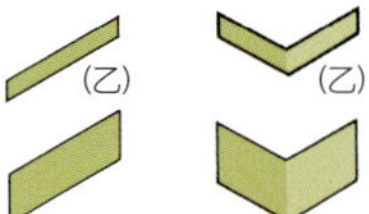

◀精勤章

精勤章は陸曹長および陸曹は1年以上、陸士長以下は6か月以上精勤し、戒告を除く懲戒処分を受けなかった者の中から選考して授与される

隊員の着用する服には階級章や部隊章、職種徽章、技能保有者であることを示す徽章、防衛記念章などが取り付けられる。ただし取り付け方はそれぞれの服装により定められており、最も多種の徽章類を装着するのが制服であり勤務服となる常装である。上のイラストはその常装への取り付け位置を示したもので、階級により一部徽章類の取り付け位置が異なる。

部隊章

着用者の所属する部隊や機関を示すもので、常装冬服および第一種夏服上衣の右袖腕部分に装着するように定められている

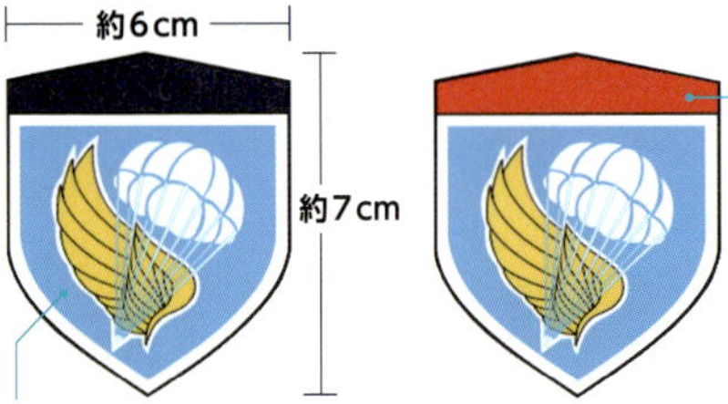

師団等標識

師団ごとに定めたシンボルマークが描かれている。イラストは空色の背景に白色の落下傘と金色の翼を組み合わせた第一空挺団のもの

隊種標識

部隊の種類を色で表したもの。イラストのように同じ師団標識でも赤色は普通科を、藍色は司令部を示す

陸上自衛隊正帽帽章

▼幹部・陸曹用　**▼陸士長・陸士用**

正帽に装着する徽章。幹部・陸曹用は、幹部（准陸尉および3等陸尉以上）と陸曹（3等陸曹から陸曹長まで）が被る正帽に装着する帽章。帽子と同色の布地に金刺繍が施されている。陸士長・陸士用は、陸士長以下の自衛官が被る正帽の帽章で金属製。

陸自各種徽章

スキー徽章(上級指導官)

スキー徽章(部隊指導官)

スキーにおける技能検定で定められた基準以上の成績を修めた陸自自衛官が着用する

レンジャー徽章(甲)

レンジャー徽章(乙)

レンジャーまたは空挺レンジャーの教育訓練を修了した陸自自衛官および航空自衛官が着用。レンジャーの教官は金色の甲章を着用できる

空挺徽章

空挺基本訓練過程の教育訓練を修了した陸自自衛官が着用する。また同じ教育訓練を修了した空自の降下救難員にも授与される

航空徽章(操縦士)

航空徽章(航空士)

操縦士または航空士の航空従事者技能証明を持つ陸自自衛官が着用する

射撃徽章(特級)

射撃徽章(準特級)

射撃における技能検定で定められた基準以上の成績を修めた陸自自衛官が着用。成績により特級と準特級の徽章が定められている

特殊作戦徽章

特殊作戦の教育訓練の修了者またはそれと同等の技能を有すると認められた陸自衛官が着用

営内班長徽章

服務規程により営内班長を任命されたものが着用

普通科

特科(野戦特科)

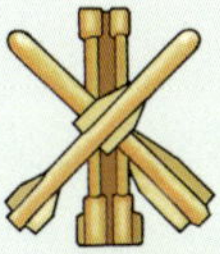

特科(高射特科)

機甲科

情報科

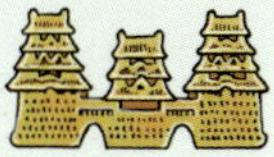

施設科

航空科

通信科

武器科

衛生科

需品科

輸送科

会計科

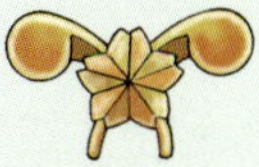

化学科

警務科

職種徽章

職種徽章は陸上自衛隊独自のもので、他国の軍隊の兵科徽章に相当する。徽章は陸自の16の職種それぞれを表している。各徽章は職種の特徴や装備などをイメージしたデザインになっており、金色の金属を型抜きしたもの。職種徽章は隊員の専門分野に対する誇りを抱かせることと、各隊員の職種を一目で識別できるようにするために平成6年(1994)に制定された。常装で着用し、取り付け位置は上衣の下襟部と定められている。

音楽科

更新された陸上自衛隊普通科隊員の戦闘服装

陸上自衛隊を構成する主幹部隊の1つが普通科で、他国の軍隊の歩兵に相当する。普通科という職種における最大規模の部隊は普通科連隊であり、その戦闘単位となるのが中隊。典型的な普通科中隊の編制は中隊本部、3～4個の小銃小隊、迫撃砲小隊（L16 81mm迫撃砲装備）、対戦車小隊（87式対戦車誘導弾装備）となっており、戦闘では中核となるのが小銃小隊。これは小隊本部、3～4個の小銃分隊で編制されており、定数は30名前後となっている。

旧型迷彩戦闘服と装備

1970年代から80年代の普通科隊員の装備。❶66式鉄帽（アメリカ軍のM1スチールヘルメットを参考にして国産化したヘルメット。鉄製シェルと樹脂性ライナーの二重構造になっていた）、❷吊りバンド、❸迷彩服（65作業服と同じデザインで迷彩になっている。当時は冷戦下で北海道での戦闘を想定し、迷彩パターンは北海道の主要植生のクマザサの笹藪で効果を発揮するように考案されたという。素材は綿とビニロンの混紡製、上着の前合わせはジッパー式だった）、❹携帯シャベル覆い、❺銃剣（64式小銃用）、❻弾入れ、⑦半長靴、❽ピストルベルト、❾64式7.62mm小銃

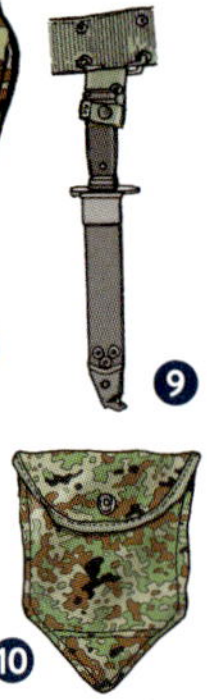

◀陸自戦闘服装（一般用）

陸自戦闘服装を着用した普通科隊員。陸自隊員が各種訓練や作業、実際の戦闘において着用するのが戦闘服装（*乙武装）。普通科を始めとする一般隊員には戦闘装着セットと呼ばれる野戦用の個人装備品が支給されている。戦闘装着セットは鉄帽、戦闘服、ベルトキット、戦闘靴、戦闘防弾チョッキのほか、戦闘背嚢、戦闘手袋、防寒戦闘服外・内衣上下、戦闘雨具、戦闘雑嚢、飯盒などで構成されている。

❶88式鉄帽、❷吊りバンド、❸迷彩服2型上着（日本の地形や四季を考慮してデザインされた迷彩パターンで近距離における秘匿性が高く、難燃性で近赤外線偽装の機能を持つ）、❹水筒、❺弾入れ小（89式小銃30連弾倉1個が入る）、❻迷彩服2型ズボン、❼戦闘靴1型（半長靴）、❽弾帯（ピストルベルト）、❾銃剣（89式小銃に装着する。鞘と組み合わせてワイヤーカッターにもなる）、❿携帯シャベル覆い（折りたたみ式シャベルが入る）、⓫89式5.56mm小銃

❷～❿（❻❼を除く）でベルトキットを構成する。ベルトキットは1990年代初め、迷彩服2型（1992年秋から本格的に導入）と同時期に制式採用された。ちなみに戦闘服装などの装備品が大きく更新され始めるのは、1990年代初めの復興支援やPKO（国連平和維持活動）で自衛隊の海外派遣が行なわれるようになった頃からである。

＊乙武装＝これに対する甲武装は、儀式や式典に参加する際の服装をいう。

陸自普通科連隊小銃分隊機関銃手

陸上自衛隊普通科連隊の編制の最小単位である小銃分隊は、分隊長、副分隊長、小銃手3名、機銃手1名、ATM（対戦車誘導弾）手1名で構成され、89式5.56mm小銃および5.56mm機関銃ミニミを装備している。ミニミは89式小銃と共通の5.56×45mm NATO弾を使用するため、7.62mm弾を使用する機関銃と比較すると威力不足は否めないが、89式よりも有効射程が長く、連続して火力を集中できる。

イラストは普通科連隊小銃分隊の機関銃手。市街戦を想定した装備を着用している。

❶88式鉄帽、❷防弾チョッキ2型改（2003年度予算で調達されたボディアーマーでセラミックプレートの挿入が可能）、❸迷彩服3型（戦闘服一般用）上着、❹戦闘パッド（市街戦用肘プロテクター）、❺戦闘弾入れ、❻戦闘水筒および水筒覆い、❼ダンプポーチ（空薬莢を入れるための袋だが、装備品を入れる雑嚢代わりに多用されている）、❽迷彩戦闘服3型（戦闘ズボン）、❾戦闘パッド（ニーパッド）、❿戦闘靴2型、⓫5.56mm機関銃ミニミ、⓬戦闘救急品袋（緊急時に誰でもわかるように部隊全体で装着位置が決められている）

▼88式鉄帽

1988年に採用されたケブラー製ヘルメットで、アメリカ軍のフリッツ・ヘルメットと似た形状を持つ。日本人の頭の形状に合わせて設計されているため、安定がよく長時間着用しても疲れにくい。内装やアゴひもの着脱がベルクロで簡単に行なえるなどの工夫もされている。サイズは特大、大、中、小の4サイズ。迷彩カバーをかけて使用する。

▼戦闘防弾チョッキ2型改

1992年に自衛隊が初めて導入したボディアーマーが戦闘防弾チョッキだった。アメリカ軍のPASGTに似たデザインだが、射撃時に肩を保護するために右肩パッドを大型化するなど独自の工夫が凝らされていた。その改良型が防弾チョッキ2型で、装備取り付け用のウエビングテープが付き、シェル部前後面にセラミックプレートを挿入して耐弾効果を高めることが可能。2012年からは戦闘防弾チョッキ3型の調達が始まっている。

その他の戦闘服装と個人用防護装備

陸上自衛隊員が着用する戦闘装着セットで構成される戦闘服装（一般用）に対して、戦闘服装（装甲用）、単車服装、戦闘服装（空挺用）、戦闘服装（航空用）などの職種あるいは任務などに応じて着用する服装がある。

またNBC兵器（核、生物、化学兵器などの大量破壊兵器）に対処するために装備品として配備される個人用防護装備などもある。

写真はオートバイに乗った偵察隊隊員。敵の勢力下まで侵入して、その位置や規模などの情報収集を行なって味方に報告するのが偵察隊の任務。師団・旅団直下の命令によりオートバイや徒歩などで任務を行なう。偵察隊員が着用するのが単車服装で、オートバイヘルメット、オートバイ服, オートバイ手袋などで構成される。写真の隊員はオートバイヘルメットに戦闘服装・一般用の上下を着用している。右の写真の隊員が被っているヘルメットには迷彩カバーが被せてある。よく見ると、走行時に無線通信が行なえるようにブームマイクを付けているのがわかる。

装甲車帽▶

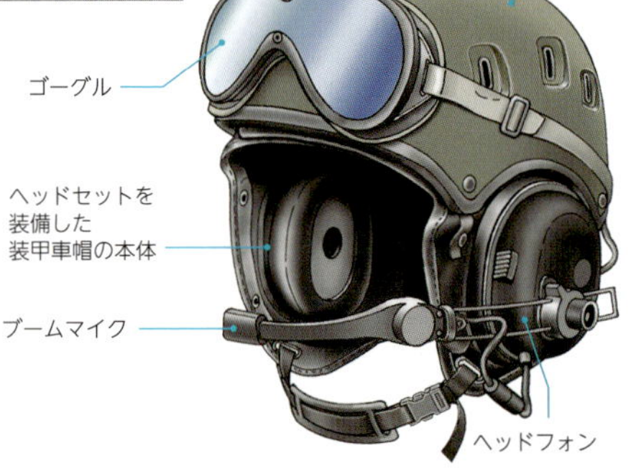

戦車や自走砲、装甲車などの戦闘車両搭乗員が着用するのは戦闘服装（装甲用）である。特徴は専用のヘルメット、戦闘服、手袋、ブーツを着用すること。装甲車帽と呼ばれるヘルメットは、突起物の多い車内で頭部を保護するためのもの。また乗員同士のコミュニケーションのために、ヘルメットにはヘッドセット（ヘッドフォンとブームマイク）の通話装置が付いている。着用する戦闘服は素材にポリアミドと難燃レーヨンを使用し、ごく短時間（車内で火災が起きた際に脱出するまでのわずかな時間）だが着用者を守る。またブーツも車内からの脱出時に何かに足が挟まった場合でもすぐに脱げるよう工夫されている。写真は戦闘服装（装甲用）を着用した装甲車乗員。　（Photos：陸上自衛隊）

陸上自衛隊の個人用防護装備

イラストは00式個人用防護装備を着用した陸自化学防護隊の偵察隊員(NBC攻撃を受けたときに汚染原因を突き止めるのが主任務)。個人用防護装備はNBC兵器の使用される可能性のある(あるいは使用された)場所で活動するための装備で、平成13年(2001)から配備が始まっている。防護衣上下と頭部から胸元までを覆うマスクフード、防護ブーツ(ゴムブーツ)、ゴム手袋と汗とり手袋、00式防護マスク(ガスマスク)などで構成され、有毒ガスから液滴、空気中を浮遊する微粒子状の化学薬剤や病原微生物、放射性汚染物質から着用者の全身を防護する(ただし化学防護隊の使用する化学防護衣ほど万全ではない)。防護衣は外層部に難燃性で撥水性が高い繊維を、本体部分には汚染物質を吸着させる繊維状活性炭を織り込んだ特殊素材を使っており、内部の放湿性も考慮されている。これにより防護装備を着用して長時間の作業が可能になったが、簡単に着脱できないので専用の紙オムツが用意されている。総重量は約7.7kg。❶00式防護マスクおよびフード、❷防護衣上衣(前合わせはベルクロ留めで、裾部はゴム絞めになっている)、❸ゴム手袋(汗とり手袋の上から付ける)、❹弾帯および救急袋、❺防護衣ズボン(ズボンは吊りバンドで体に固定)、❻防護ブーツ(通常の戦闘ブーツを履いた上から装着する)、❼89式小銃、❽88式鉄帽。なお、NBC兵器の汚染下で使用された防護衣やガスマスクなどは、使用後は慎重に取り扱わねばならない。二次汚染をまねく危険性が高いため、通常は使用済みのガスマスクや防護衣は水や洗剤で洗浄されて再使用されるか、まとめて処分される(仕様により異なる)。

00式防護マスク▶

化学防護衣4型や個人防護装備で使用される00式防護マスク。ゴム製マスク本体と吸収管(空気中の有毒物質を吸着濾過するフィルター)で構成されている。

◀防護マスクフード

マスクフードは防護マスクを取り付けてから着用する(マスクのレンズ部およびキャニスター部をフードの穴から外に出す)。フードの袖および裾部分はゴム引きで、着用時には体に密着できるように工夫してある。フードは防護衣と同じ素材が使われている。

世界最大の兵力を有する“共産党の軍隊”

中国人民解放軍陸軍

中国人民解放軍は中国共産党の軍隊であり、中国共産党中央軍事委員会が最高軍事指導機関として指揮を執っている。陸軍・海軍・空軍・第二砲兵部隊（戦略ミサイルを運用するロケット軍）、戦略支援部隊で構成され、準軍事組織として武装警察部隊*がある。

人民解放軍の軍服は、建国初期の人民服をベースにした50式、ソ連軍を模した階級制度が導入されて階級章や礼服と戦闘服の区別が取り入れられた55式、階級を廃止して服装の区別をなくした65式と、時代ごとに指導部の影響を大きく受けてきた。やがて文化大革命が終わり、中越戦争の敗北などを経て、1980年代に入ると軍の近代化が始まり、階級制度も復活。あわせて軍服も85式、87式、99式と制服から戦闘服まで改革された。2000年代の05式、07式では、デザイン的にも世界の軍隊と比べて遜色ないものとなった。人民解放軍の軍服は色が各軍により異なるが、基本的デザインは一部を除き共通である。

[上右]および[上左]は、陸軍の制服を着用した将校。2007年に人民解放軍は式典用の儀礼服、勤務用の制服(夏用、冬用)、迷彩戦闘服などを一新した。これらを総称して07式軍服と呼んでいる。陸軍の制服はパイングリーン色の制帽と制服上下、黒の短靴、薄いグリーンのワイシャツとタイで構成される(武装警察の制服も陸軍と共通だが装着する徽章類が異なる)。男性用は上着とスラックスの組み合わせで、上着はシングルブレステッドで男女逆。男性用上着は肩幅の広いT型になっており、胸部と両腰部分にフラップ付きパッチポケットが付く。女性用制服は胸ポケットがなく、腰回りを絞ったX型のデザイン。女性用は上着とスラックスおよびスカートの組み合わせ。上着の襟には金属製で葉と星を組み合わせた襟章(デザイン自体は下士官・兵用と同じ)、左胸(男性用の制服では左ポケットの上に付けるが女性用ではポケットがないがほぼ同じ位置)には陸軍の胸徽章を付ける。制帽は男女で異なるが、将校、下士官、兵は共通のデザイン。ただし将校は葉をアレンジした刺繍が男性用は鍔に、女性用はハットバンド部分に付く(将官は金糸刺繍、大校から少尉まで白糸刺繍)。
[右]はデジタルパターン迷彩の07式戦闘服。ウッドランド迷彩の他に山岳地用、海岸地帯用などいくつかのパターンがある(迷彩パターンに関しては冬用、夏用などと説明する文献もあり、正確なところは不明)。襟に階級章を装着している。なお、人民解放軍の戦闘服に迷彩が採用されたのは81式迷彩戦闘服からである。

＊**武装警察部隊**＝国内の治安維持や国境警備を担当。隊員は現役の軍人と同じ資格を持つ。

人民解放軍陸軍自動車化歩兵の装備

イラストは人民解放軍陸軍の自動車化歩兵の将校(中尉)。2007年以降に採用された歩兵用個人装備を着用している。

❶フリッツ型のQFG02ヘルメット(人民解放軍が香港に派遣された1997年から採用されている。初期はケブラー製ではなかったというが、現在使用されているQFG02およびQFG03はケブラー製。形状は米軍のものに比べて丸みがある)、❷デジタルパターン迷彩の07式戦闘服(以前の05式では袖の部分にゴムバンドが入っていて体に密着するよう絞り込むことができたが、07式では服のデザインが変わり、開襟に4ポケットで西側諸国の軍隊のものに近い形になった)、❸06式携行具(アメリカ軍のMOLLEと同様に、ウエビングテープが多数張り付けられたナイロン製ベストに各種ポーチ類を装着、携行できるようにした個人戦闘装備。バックパックなども用意されている)、❹QBZ-95/97アサルトライフル(ブルパップ型アサルトライフル。中国独自の5.8mm×42弾という弾薬を使用する。ガス圧利用方式で全長76mm、装弾数は30発)、❺多目的ポーチ、❻07式戦闘服下衣(6ポケットカーゴパンツ式。両脚太腿部分のポケットは大型のカーゴポケット)、❼膝パッド、❽コンバットブーツ、❾水筒(自衛隊でも使用されている旧アメリカ軍型)、❿肘パッド、⓫マガジンポーチ、⓬デジタル携帯無線機(指揮官のみ携行)、⓭階級章(2007年の改正以降、戦闘服では襟に布製の階級章を付けるようになった。階級章の着脱が容易なように襟にはベルクロが付く)

人民解放軍陸軍の階級章 (1998〜2009)

将校 (将官・佐官・尉官)

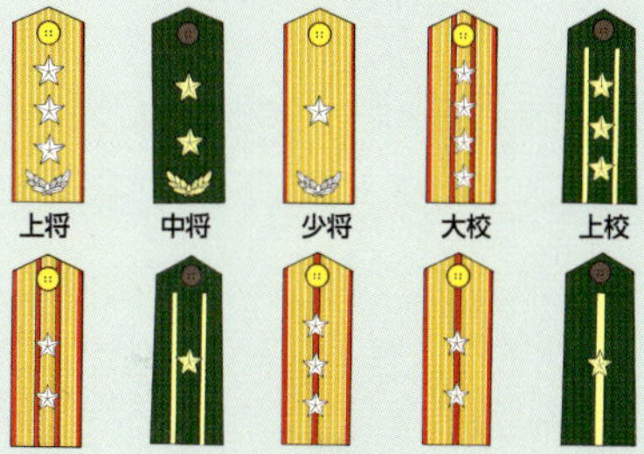

下士官・兵

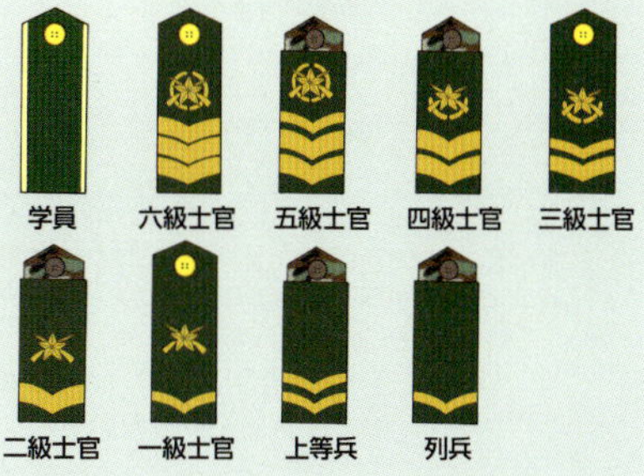

将校の階級章にはグリーンと黄色の台地がある。グリーン(軟肩章)は制服や戦闘服に、黄色(硬肩章)は式典用礼服に装着する。実際には黄色のほうが若干大きい。

国外の激戦地に投入される“斬り込み隊”

アメリカ海兵隊

アメリカ海兵隊は約18万7000人の将兵で構成され、米陸海空軍と比べると小さい戦闘組織だ。軍政・部隊管理は海軍の監督下に置かれるが、軍令面では独立した軍である。海外派遣専門*の緊急展開部隊として常に激しい戦闘に投入されてきた海兵隊員は、勇猛果敢、少数精鋭の意識が非常に強い。アメリカ海兵隊は海軍との連携を密にするが、自前の航空部隊を持ち、水陸両用戦および地上戦用機材や兵器（陸軍と同じ主力戦車も配備）を保有し、陸海空軍の全機能を備えた軍である。

[右] 白い制帽に黒いドレスジャケット、白のスラックスを着用した儀状隊の下士官。上着は詰襟、ショルダーストラップ、前合わせ部に赤いパイピングが施されたジャケットで、袖部分には飾りのカフパッチが付いている。写真のドレスジャケットと白のスラックスの組み合せの礼装はブルーホワイトドレスAと呼ばれるもので、以前は儀状隊だけが着用する制服だったが、2000年以降は一般の将校、下士官･兵の夏季用の礼装となっている。赤い線の入ったブルーのスラックスとの組み合せのブルードレスAおよびBの方が礼服としては有名。

[中] 将校用のホワイトドレスA。将校用の礼装は赤のパイピングや袖飾りがない黒いジャケットと白のスラックスの組み合わせ。ブルードレスやホワイトドレスのAとBの違いは、勲章を佩用するかしないかにある。左胸に勲章を佩用した場合はA、略綬を装着した場合はBとされる。また将校の礼装ではサムブラウンベルトを付ける。

[上] 2013年に戦闘職域への女性の配置制限がなくなったことに代表されるように、アメリカ軍では軍隊における性差別の緩和を目指して様々な改革を行なっている。海兵隊では女性将兵が着用する制服をよりユニセックスなものにする計画だ。写真では、右の女性が従来型の女性用ドレスジャケットを着用しているが制帽は男性用と同じ。また左の女性はジャケットも男性用と同じデザインになっている。2014年から試験運用が始まっているという。なお、海兵隊には通常の勤務で着用するモスグリーンの制服がある。

アメリカ海兵隊の階級章

＊海外派遣専門＝アメリカ海兵隊の任務には本土の防衛は含まれない。

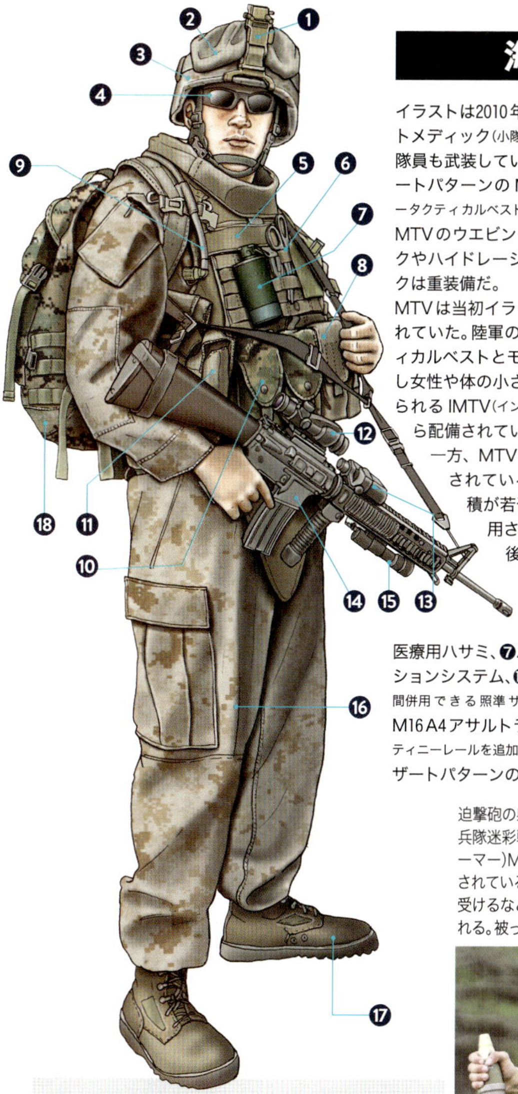

海兵隊の戦闘個人装備

イラストは2010年頃、アフガニスタンなどで活動していた海兵隊のコンバットメディック(小隊や分隊単位での作戦行動に随行する医療隊員)の装備。今日では医療隊員も武装しているため一見しただけでは他の兵士と区別がつかない。デザートパターンのMARPATに、2009年より支給が開始されたMTV(モジュラータクティカルベスト)を着用。医療用ハサミなど頻繁に使用する医療用具をMTVのウエビングテープに直接取り付けている。背中にはメディカルパックやハイドレーションシステムを取り付けているから、コンバットメディックは重装備だ。

MTVは当初イラクおよびアフガニスタンに展開する部隊に優先的に配備されていた。陸軍のIOTVとよく似た構造で、装備品を携行するためのタクティカルベストとモジュラー式ボディアーマーの機能を兼ね備えている。しかし女性や体の小さい男性にはサイズ的な問題があり、より体にフィットさせられるIMTV(インプルーブドモジュラータクティカルベスト)が開発され、2013年から配備されている。

一方、MTVと同時期にSPC(スケーラブルプレートキャリア)も試験的に配備されている。MTVに比べ軽量で快適性がよく、肩や脇部分の防護面積が若干少ないものの機能的には良好だったことから本格的に採用されることになった。そしてIMTVとほぼ同時期からSPCの後継となるMCPC(マリーンコープスプレートキャリア。下写真)が配備されるようになった。

❶暗視装置マウント、❷ゴーグル、❸ヘルメット(LWH)、❹防護用サングラス、❺MTV(モジュラータクティカルベスト)、❻医療用ハサミ、❼ハンドグレネード(手榴弾)、❽マガジンポーチ、❾ハイドレーションシステム、❿マガジンポーチ、⓫ユーティリティポーチ、⓬ACOG(昼夜間併用できる照準サイトTA31RCO)、⓭AN/PEQ2赤外線レーザーサイト、⓮M16A4アサルトライフル(M16A2をベースに、キャリングハンドル部を着脱式にしてピカティニーレールを追加。3点バーストとフルオート射撃が可能)、⓯フラッシュライト、⓰デザートパターンのMARPAD、⓱デザートブーツ、⓲メディカルパック

迫撃砲の射撃訓練を行なう海兵隊員。ウッドランドパターンのMARPAT(海兵隊迷彩戦闘服)を着用、その上に最新のプレートキャリア(小型のボディアーマー)MCPCを付けている。MCPCはIMTVボディアーマーとともに使用されている。陸軍のSPCSやIOTVと同様に、銃撃戦などではMCPC、砲撃を受けるなどより危険な戦闘ではIMTVというように状況に応じて使い分けられる。被っているヘルメットはLWH。

▼ ECH

ACHの抗弾能力をより向上させ、小銃弾の直撃にも耐えうる新型ヘルメットがECH(強化戦闘ヘルメット)。陸軍のACH、海兵隊のLWHがこのヘルメットに更新される。ECHの素材は超高分子量ポリエチレン繊維。外見的にはACHと変わらないが、シェルの厚さが増している。

海兵隊ヘリ搭乗員の装備

海軍および海兵隊ではAE(エアクルーエンデュアランス)プログラムに基づいて、ヘリコプター搭乗員のための様々な装備の研究・開発を進めている。これは過酷で長時間のミッションに従事するヘリコプター搭乗員の肉体的疲労やストレスを減らし、さらには生残性を向上させることを目的とするもの。このプログラムによりサバイバルベストCMU-37/P、CMU-39/PやCSEL(捜索救難用無線)システムなどが採用され、配備が始まっている。

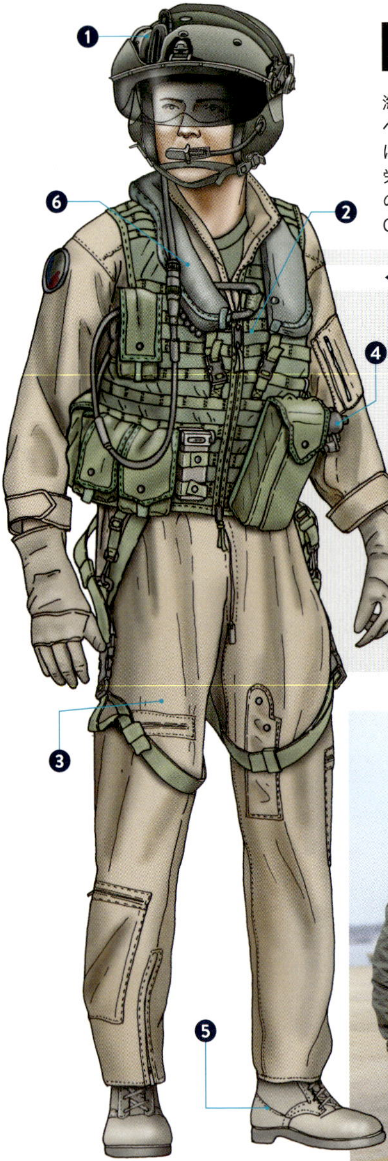

◀戦闘ヘリパイロットの装備

イラストはAH-1Zバイパー戦闘ヘリ搭乗員の装備。TopOwlヘルメットにマウントされた照準・表示システムにより、飛行情報や暗視装置/赤外線映像装置の画像をバイザーに投影できるため、24時間飛行が可能だ。また、照準・表示システムは、パイロットおよびガナーの視線とAH-1Zの機首下面のガトリング砲を連動させて照準射撃も行なえる。

❶照準・表示システム搭載TopOwlヘルメット、❷CWU-33/P22P-1Bサバイバルベスト、❸CWU-27Pフライトスーツ、❹HABD(海上への不時着時に使用する緊急脱出用の酸素呼吸装置)、❺熱帯地用フライトブーツ、❻LPU-34/Pライフプリザーバー(救命浮き袋)

GPSを内蔵した捜索救難用無線機CSELシステム

[右] CMU-38/9を装着したUH-1Y汎用ヘリの搭乗員。[左] CWU-37/Pを装着したAH-1W攻撃ヘリの搭乗員。新型サバイバルベストには2つのバージョンがあり、どちらも従来のCWU-33/P22P-1Bなどよりも軽量化され、弾丸や砲弾の破片から着用者を防護する機能を持っている。

臨戦態勢の北朝鮮と対峙し続ける

大韓民国陸軍

常備軍約50万人、予備軍約320万人の兵力を有する韓国陸軍は、1948年に南朝鮮国防警備隊から韓国陸軍に改編されて、まもなく70年を迎える。2000年代初頭にアメリカやイギリスで発表された軍事力ランキングによると、韓国軍はアジアでは中国、インドに次ぐ第3位の軍事力を持つとされるが、その戦力は陸軍に偏っている。

戦車や歩兵戦闘車など兵器の自国開発に熱心である一方、韓国軍は歩兵の装備については遅れが目立っていたが、2010年頃から更新が始まっている。

韓国陸軍の階級章

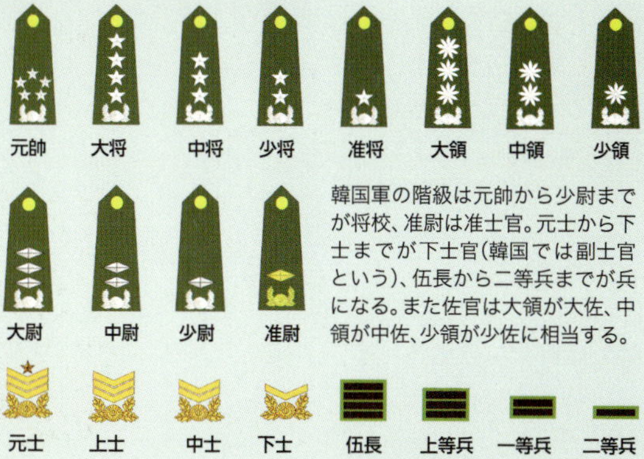

韓国軍の階級は元帥から少尉までが将校、准尉は准士官。元士から下士までが下士官(韓国では副士官という)、伍長から二等兵までが兵になる。また佐官は大領が大佐、中領が中佐、少領が少佐に相当する。

フリッツ型防弾ヘルメットを被り、デジタル迷彩パターンの戦闘服を着用する韓国陸軍兵士。現在使用しているヘルメットは2004年に開発されたもので、韓国国防部の実験によるとM-16の通常弾にアメリカ軍の使用するヘルメットは耐えられなかったが、韓国軍のヘルメットは貫通しなかったという(逆の話もある)。5色のデジタル迷彩パターンの戦闘服は2010年より採用。朝鮮半島の植生を考慮して土・針葉樹・薮・木の幹・木炭の色をデジタルパターン化した迷彩は偽装効果が高いとされる。服の素材はポリエステルとコットンの混紡製で、前合わせはファスナー式。写真はパレードの様子なのでボディアーマーを着用していないが、サスペンダーにピストルベルトという組み合わせにマガジンポーチを取り付けている(韓国軍ではデジタル迷彩パターンのボディアーマーも使用されており、シェル部分にはポーチ類を装着するためのPLASのようなウエビングテープが付けられている)。兵士の背中に見えるM7バヨネット(銃剣)が装着されているのは、5.56×45mmNATO弾を使用する国産アサルトライフルK2。

The MILITARY UNIFORMS of the World

“NAVAL FORCES”

第2章

海軍

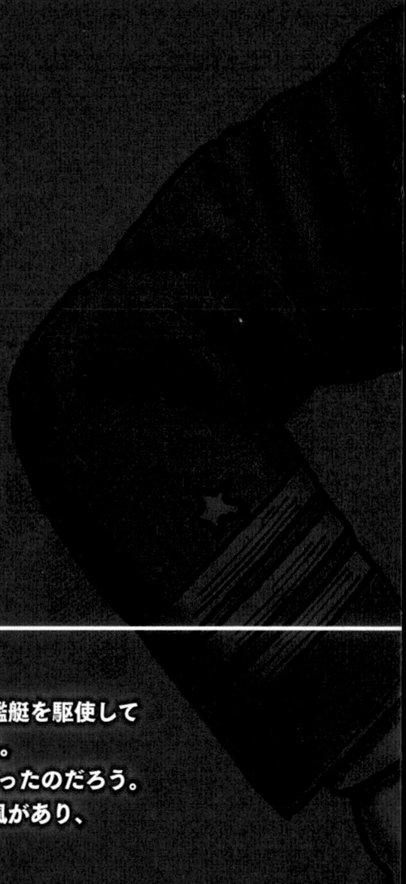

人類が最初につくり出した乗り物がフネである。
当然のように船も戦争に利用されることになり、やがて艦艇を駆使して
水上水中での戦闘を専門とする「海軍」が生まれるに至る。
海に覆われた惑星に棲む人類が海軍を持つことは必然だったのだろう。
そしてどこの国でも、海軍には陸軍とは違った独特の気風があり、
それは軍装においても表れているようだ。
本章では、各国海軍のユニフォームを詳解しよう。

世界の海に展開する現代最強の海軍

アメリカ海軍

世界第1位の海軍力を誇るアメリカ海軍の制服には、礼服・勤務服・作業服・戦闘服と様々ある。なかでもドレスブルーとドレスホワイトは、アメリカ海軍を扱った映画やドラマに登場する将校たち*が着ているおなじみの制服である。

海軍の制服といえばイギリス海軍が1つのスタンダードで、イギリス連邦を始めとする各国の海軍の制服に影響を与えている。そしてもう1つのスタンダードといえるがアメリカ海軍だ。日本の海上自衛隊の制服も影響を受けている。

夏季・熱帯地用勤務服 サマーホワイトを着用した海軍少佐。サマーホワイトは将校と准尉、曹長以上の下士官が着用する。白い半袖開襟シャツ、同色のスラックス、ベルト、白革靴で構成され、シャツの下には白のTシャツを着用。将校はドレスホワイトと同じ肩章（階級章）を装着するが、曹長以上は襟に金属製の階級章を付ける。写真の将校は少佐の肩章を付け、左胸には海軍飛行戦闘専門員を示す資格徽章と勲章略綬を装着している。着用するシャツにはミリタリー クレイシス（左右ポケットのフラップ頂点に折り線が入る）と呼ばれる独特のプレスが施されている。

[右] フルドレスホワイトを着用した海軍大佐。上着の右胸にⓐ水上戦闘艦司令官を示す資格章、ⓑユニットアワード、左胸にはⓒ水上戦闘艦将校の資格徽章、ⓓ勲章、ⓔ統合参謀本部徽章を付けている。
ドレスホワイトは白いカバーを付けた制帽（ドレスブルーと共通。中佐以上は帽子の鍔部分にオークの葉をデザインした飾りが付く）、白の詰襟式上着とスラックス、白革靴で構成され、状況に応じて白手袋が加わる。またドレスホワイトを着用する際には、上着の下にTシャツを着る。上着およびスラックスは洗濯できるように綿とアクリルの混紡生地が使われ、ボタンは取り外し式になっている。

サービスドレスホワイト▼

ドレスホワイトに資格徽章や略綬を装着したものをサービスドレスホワイトといい、以前は夏季や暑地での勤務服として使われていたが、現在、式典などで着用する礼服になっている。写真のフルドレスホワイトはドレスホワイトを着用、勲章を佩用してサーベルを帯刀した儀礼服。他にドレスホワイトにミニチュアの勲章を佩用したディナードレスホワイトがあるが、これは晩餐会服となっている。

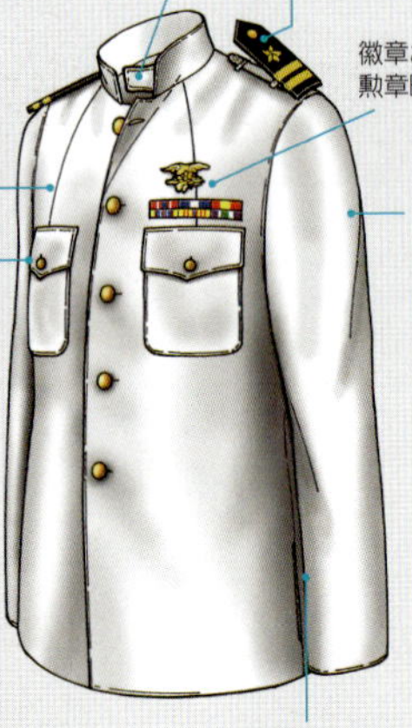

最近の上着は立ち襟の喉部分がベルクロ留め式になっている
階級章は上着肩部分のループに固定する
徽章および勲章略綬
シームが入っている
背抜き（上着の背の部分に裏地がない）になっている
フラップ式パッチポケット
サーベルの吊り革を出すためのスリットが付いている

ボタン

＊将校たち＝ドレスブルーとドレスホワイトは曹長以上の下士官、准尉も着用するが、階級章の着用法が異なる。

将校用ドレスブルー

左のイラストはサービスドレスブルーと呼ばれる勤務服を着用した海軍少尉。上着の左胸にⓐ資格徽章(水上戦闘艦将校)とⓑ略綬を装着している。各国の海軍の将校が着用している制服と共通したデザインのドレスブルーは、白い覆いを付けた制帽(士官用の帽章と金色の顎ひもが付いている)、黒の制服上下、上着の下に着用する白いワイシャツ(ショルダーストラップの付いた長袖シャツ。ショルダーストラップにはソフトタイプの肩章を付ける)と黒のタイ、黒革靴で構成されている。

上着は6個の金ボタンが付いたダブルブレステッド式のジャケットで、襟型は❶ピークドラペル、左胸と両腰部分に❷箱ポケットが付く。またジャケットの右側面には、サーベルを吊るための帯革を通すファスナー開閉式の隠しスリットが設置してある。ドレスブルーは夏季を除く3シーズンで使用するため上衣の内側は総裏地、貴重品を入れる内ポケットが付く(サービスドレスホワイトでは裏地のない背抜きになっている)。袖口部分には着用者の階級章を示す❸袖章を付けるが、戦闘職域の将校(ラインオフィサー)は金刺繍の星章と階級に応じた本数のしま織り金線の組み合せ、医療部隊などの戦闘支援職種の将校はそれぞれの職種を示す金刺繍の徽章としま織りの金線の組み合せになっている。スラックスはジップフロント式で、両腰部分にフォワードポケット、臀部に箱ポケットが付いている。ドレスブルーの上下にはウール生地が使われ、シワがよりにくい加工が施してある。

ドレスブルーも用途により、また何を装着するかにより名称が変わる。イラストのサービスドレスブルーの他に、フルドレスブルー(ドレスブルーに勲章を佩用、サーベルを帯刀した儀礼服)、ディナー・ドレスブルー(ドレスブルーを着用するが、蝶ネクタイを付けミニメダルを佩用した晩餐会服)がある。

女性用のフルドレスブルーを着用した女性将校(ドレスブルーに勲章を佩用)。女性用の上着は4個の金ボタンが付いたシングルブレステッド式のジャケットで、ウエスト部分が絞られ着丈が少し短く、左胸部分のみに箱ポケットが付く。スラックスとスカートがあり、どちらを着た場合も黒革靴を履く。上衣の下にはワイシャツとタイを着用するが、女性用のタイは細いリボン状のもの。写真の女性将校は海軍中佐で、海軍飛行士の資格章を佩用した勲章の上に付けている。

世界でいちばん着用者の多い海軍の制服

アメリカ海軍の総兵力数は予備役を含めて約43万人。当然ながら世界一の大海軍である。その海軍の中で大半を占めるのが下士官と兵であり、海軍における下士官・兵（曹長以上の下士官を除く）の定番といえる制服がセーラー服だ。

セーラー服は各国の海軍で昔から使用されてきたが、アメリカ海軍では1862年に水兵用の制服として採用、デザインの変更はあったものの現在まで使用され続けている。アメリカ海軍のセーラー服は、ベルボトムなど日本のファッションにも大きな影響を与えている。

ちなみにセーラー服を海軍の水兵服として全面採用したのはイギリス海軍といわれている。

アメリカ海軍の勤務用制服にはサービスドレスブルーとサービスドレスホワイトがある。サービスドレスブルーおよびサービスドレスホワイトのセーラー服は勲章を佩用して（勲章を受章したことのある者のみ佩用する）下士官・兵用の礼装としても使用される。

[左] 艦上でセレモニーを行なう海軍兵。女性兵士用のサービスドレスブルーを着用している。男性の兵士はサービスドレスブルーでもセーラー服上下を着用するが、女性の場合はシングルブレステッド式のジャケットにスカートまたはスラックスを着用する。制帽はサービスドレスブルーもサービスドレスホワイトも共通。

[下] 下士官・兵用のサービスドレスホワイトを着用した海軍兵長。左胸には略綬、左腕には海軍兵長の階級章と航空機搭載電子機器整備員の職域マークを装着している。一等兵曹以下の下士官および兵用のサービスドレスホワイトは女性もセーラー服を着用する。セーラー服のデザインは男女共通で、上着はセーラーカラーの付いた長袖シャツで両胸部分に箱ポケットが付いている。パンツは上衣と同じ生地のジップフロント式のスラックスあるいはスカート。なお、男性用のパンツもサービスドレスホワイトでは単純なジップフロント式になっている。下士官・兵用のサービスドレスホワイトでは黒革靴（羽根が付いたひも靴）を履くことになっているが、白革靴も履くようだ。

❻
❸
❶
❹
❷
❺

男性下士官・兵用サービスドレスブルー

アメリカ海軍の男性下士官・兵(曹長以下の下士官)の場合、サービスドレスブルーといえば、ダークブルー色のいわゆるセーラー服の勤務服(3シーズン用)を指す。左のイラストはサービスドレスブルーを着用した三等兵曹。

上着はセーラーカラーの付いた❶長袖シャツ(ミディジャケット)、パンツはブロードフォールと呼ばれる前合わせが独特の構造になっている❷フレアーパンツ(左右のベアラーをボタン留めしてウエスト部を固定し、ボタン留め式の前当てで合わせ部分を覆う方式でブロードフォールという。元は海中でパンツを簡単に着脱できるように履き口を大きくするための工夫だったと思われる。またパンツのウエスト部は体にフィットしているが、脚部はダブダブのフレアーパンツになっている。このタイプのズボンをセーラーパンツともいう)の組み合わせで、上下は共布のウールサージ製。上着の下には❸ホワイトクルーネックのシャツ(白いTシャツ)を着用し、上着の上に黒の❹スカーフを付ける。ちなみにサービスドレスブルーでは上着のセーラーカラーに対の白星と3本の白線、両腕のカフス部分に3本の白線が入っているが、サービスドレスホワイトでは星も線が入っていない。靴は❺黒革靴(短靴)で黒の靴下を付けて履き、帽子は❻ゴブハットと呼ばれるアメリカ海軍独特の形状の水兵帽を被る。上着の左腕には階級章、左胸には略綬を付ける。

▼セーラー服の特徴

胸元が大きく逆三角形になっている
左胸にスリットポケットが付いている
セーラーカラーには対の白星と3本の白線が入っている。またカラーはシャツに縫い付けられており、取り外しできない
カフス(裾口)には白線が付いている
前面と後面にきりかえが付く
ボタン留めのカフス
▲上衣前面
▲上衣後面
スリットポケット(現用のタイプではもう少しポケットの位置が低い)
ベアラー(スリットポケットが付く)
前当て部は13個のボタンで固定する
前合わせ部分を被う前当て
後面はガゼット(三角形の当て布)を付けたスリットになっており、そこにアイレット(鳩目)を付けてひもを通し、ウエスト回りを調節できるようになっている
後面右側のウエストバンドのつなぎ目部分にスリットポケット
◀パンツ前面
▲パンツ後面
ズボンは動きやすいようにゆったりと作られたベルボトム(ラッパズボン)になっている

アメリカ海軍の徽章類

アメリカ海軍の階級章

イラストのアメリカ海軍の階級章は、ドレスブルーと呼ばれる勤務服(3シーズンで着用される)に装着するもの。将校および准尉は両袖口に付ける袖章で、ライン(兵科)将校は星と金線、支援職種将校はそれぞれのシンボルマークと金線の組み合せになっている。下士官以下は左腕部分に付ける腕章である。海軍先任伍長から3等兵曹までの階級では、公式の懲罰などを受けることなく12年以上にわたり海軍で精勤した成績優秀な者は、赤ではなく金色の階級章を着用することが認められている。ちなみに夏季や熱帯地方で着用する白の勤務服では、准尉以上は肩章、下士官・兵は黒い腕章を着用する。階級章は着用者の階級、兵科、職種が一目でわかるように作られている。

将　校

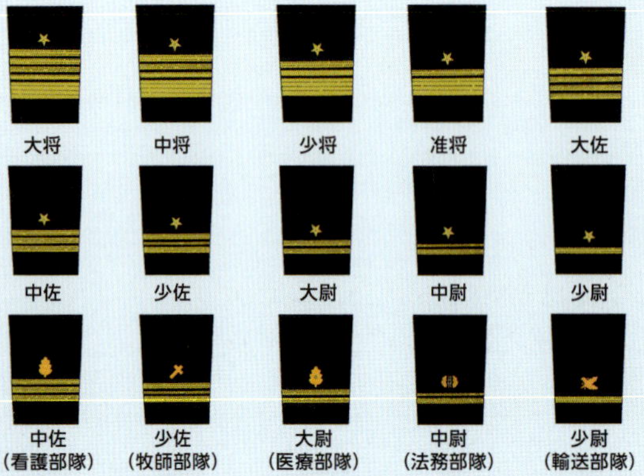

准　尉

下士官・兵

[写真上] サービスドレスブルーを着用した海軍准尉。袖には准尉の袖章。左胸には情報支配戦将校と海軍飛行偵察/気象官であることを示す資格徽章を付けている。[下] 曹長以上の下士官は将校と同じデザインの勤務服を着用するが、階級章などの装着法が異なる。また制帽の徽章や顎ひもの色も異なる。写真の曹長は成績優秀者を示す金色の階級章と金線3本の善行章を付けている

アメリカ海軍の職域マーク

下士官・兵が階級章とともに装着するのが職域マーク。これにより着用者の職種が一目でわかるようになっている。

下士官・兵用のドレスホワイトの左腕に装着された1等兵曹の階級章。鷲と3本のシェブロン(V字のオビ)の間に職域マークを入れている。

甲板、電子機器および兵器整備、医療職域

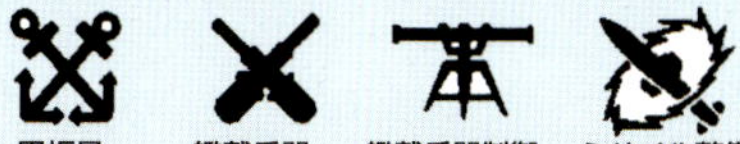

甲板員(一般作業員)　艦載兵器整備員　艦載兵器制御・照準技術員　ミサイル整備技術員

情報専門員　電子機器技術員　衛生兵　操作専門員(レーダーや通信機器などの操作管理を行なう)

船舶運航安全・技術補佐員　法律関係補助員　魚雷整備員　庶務・事務員

航空機整備職域

航空機搭載電子機器整備員　航空機武器搭載作業員　航空機整備作業員(エンジン)　航空機搭載電子機器技術員

航空機管制員　航空機整備作業員(機体構造)　航空機脱出装置整備員

機関および船体操作・整備職種域

ダメージコントロール員　ディーゼル/ガソリン機関操作・整備員　ガスタービンシステム技術員　動力機械操作・整備員

建設職域

建設作業員　建設用電気工事配線作業員　建設用重機材整備員　建設用重機材操作員

アメリカ海軍の資格徽章

将校・下士官・兵それぞれが制服に装着する徽章で、各自が取得した資格や技能を示す。海軍は資格社会であり、どのような資格をどれだけ取得するかも昇進の条件になっている。

海軍飛行士

海軍飛行将校

海軍飛行戦闘専門員(下士官・兵)

海軍飛行軍医

海軍飛行看護士

海軍飛行偵察/気象官

海軍降下員(将校)

水上戦闘艦将校

水上戦闘艦下士官・兵

潜水艦将校(ドルフィン章)

潜水艦下士官・兵(ドルフィン章)

情報支配戦将校

情報支配戦下士官・兵

海軍海上指揮官

海軍陸上指揮官

海軍特殊作戦員

海軍特殊作戦員(シールズ)

海軍特殊作戦戦闘船舶搭乗員

海軍戦闘工兵将校(シービーズ)

海軍潜水員(将校)

海軍潜水医官

海軍上級潜水員(下士官・兵)

海軍潜水員(下士官・兵)

海軍潜水員初級(下士官・兵)

海軍潜水員スキューバダイバー

海軍総合海中監視官(将校)

海軍総合海中監視官(下士官・兵)

多様な職種がある海軍では作業服も多様

デジタル迷彩作業服

2007年より支給が開始されたデジタル迷彩作業服は、沿岸地域での敵との直接的な交戦も考慮して機能性が高い戦闘服型になっている。作業服は、❶上着、❷ズボン、❸コットン製 Tシャツ、黒の靴下、バックル付きベルト、❹黒のスムースレザーブーツ、❺八角作業帽、ⓐ U.S.NAVYのタグテープ、ⓑネームタグテープ、ⓒ 階級章および兵種徽章(いずれも布製)を基本構成とし、さらにフリースライナー付き防寒パーカー、黒のモックネックセーター、ニット製ワッチキャップが作戦地域の司令官の命令により支給されるアイテムだ。

イラストのブルーを基調とする海軍の作業服(分類上タイプ I)はNWU(ネービーワーキングユニフォーム)と呼ばれ、2004年頃から開発が始まり2007年に採用された。従来の作業服と異なりBDU(バトルドレスユニフォーム)のようなデザインになっている。

また迷彩パターンの中にはアメリカ海軍のマークとUSNの文字が組み込まれている。作業服上着およびズボンは、耐久性、安全性、着用の容易さと着用感、クリーニングのしやすさなどが考慮され、ナイロンとコットンの混紡製になっている。上着は襟がコンバーチブルカラー、前合わせが5つの隠しボタン式で、裾部分はズボンのカーゴポケットのフラップにかからない長さと定められている。ズボンはガーゴパンツで、サイドポケット、ヒップポケット、カーゴポケットがそれぞれ両サイドに付けられている。

アメリカ海軍の新型作業服には迷彩パターンによって下イラストのように3タイプあり、いずれも4色のデジタル迷彩。タイプ I はブルーを基調とした迷彩の作業服。タイプ II、III があるためあくまで分類上タイプ I とされているが、単に NWUと呼ばれているもので、艦上勤務時に着用する。タイプ II はブラウンを基調とした砂漠用の迷彩 AOR1の作業服。タイプ III はグリーンを基調とする森林および非砂漠地帯用の迷彩 AOR2の作業服。陸上勤務する将兵のスタンダードな作業服になっている。作業服にはそれぞれ同じ迷彩パターンの防寒パーカーがセットされる。

兵種徽章:水上戦闘艦搭乗員

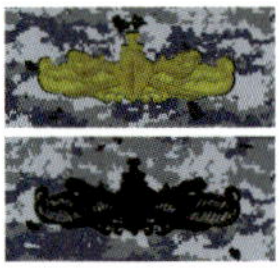

資格章:水上戦闘艦司令官

海軍徽章

▼作業服デジタル迷彩パターン

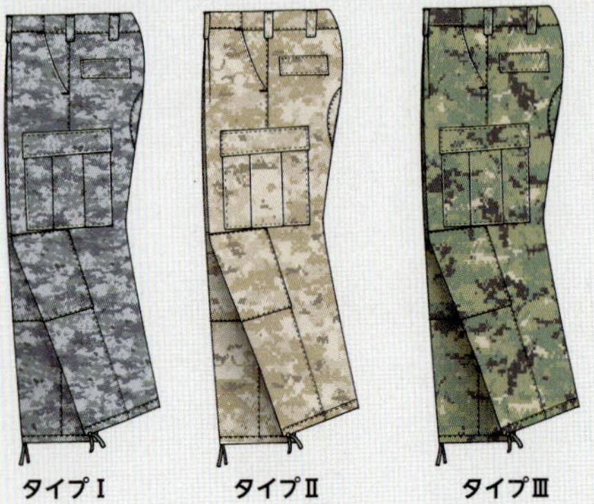

タイプ I　タイプⅡ　タイプⅢ

[右] 不審船舶への立ち入り検査の訓練を行なうシールズ隊員。着用しているのはAOR1のコンバットシャツとパンツ。こうした被服は軍の支給品ではなく、個人購入やメーカーより提供されたもの。メーカーは特殊部隊の隊員に自社で開発した新商品を無償で提供し、使用した感想を聞いて製品の改良などに活かすのだ。写真の隊員が着用しているAORはマルチカムで有名なクレイプレシジョン社の製品。同社がタイプIIやIIIの迷彩パターンをAOR1およびAOR2として、自社デザインのコンバットシャツやコンバットパンツに使用し、製造・販売しているもの。いわゆるカスタム・コンバットシャツとコンバットパンツである。

[左] 旧型作業服を着用した潜水艦搭乗員。艦名が刺繍された❶ベースボールキャップに❷ダンガリーの半袖シャツ、❸ネービーブルーの作業ズボンに❹作業靴という格好。デジタル迷彩作業服が使われる以前の、海軍水兵のもっとも有名な作業服であった。

[右] 空母の甲板上では、様々なカラフルな作業着を着た甲板員たち(レインボーギャングと呼ばれる)が作業を行なっている。空母の飛行甲板は少しでも気を抜けば大怪我しかねない危険がいっぱいだ。そのような環境で航空機が安全かつ100%の能力を発揮できるように、甲板上でどんな班の要員が何の作業をしているのかわかるように、彼らは自分の所属する係を示す色のベストとヘルメットを着用するのだ。

写真は補修および消火要員(V-3)で、❶茶のヘルメット(ヘッドセットと一体化されたHGU-24/Pヘルメットは頭部を保護するとともに150デシベルほどの騒音から耳を守る)と、❷ニットシャツ、❸ライフプリザーバーベストを着用、❹ズボンは旧型。

ちなみに甲板員は、航空機誘導員(黄のヘルメットと黄のジャージ)、アレスティングギア要員、フックランナーおよび航空機整備員(緑と緑)、航空機操作員(青と青)、燃料補給員(紫と紫)、兵器要員(赤と赤)、補修および消火要員(茶と茶)、安全・医療要員(白と白)、エレベータ操作員(白と青)、スコードロン機体点検員(緑と白)、連絡・電話要員(白と青)、各操作士官(緑と茶)といったように色分けされている。

▼HGU-24/Pヘルメット

艦載機パイロットの装備の特徴

数ある海軍の職種の中でも、エリートとされるのが航空機搭乗員だ。特に主要戦力の1つである空母で航空機に搭乗するパイロットは花形だ。

空母では戦闘攻撃機から救難ヘリコプターまで様々な航空機が運用されているが、それらを操縦するパイロットたちは、洋上に浮かぶ空母という非常に狭い空間で航空機を離着陸させる資格を持っている。彼らが着用する装備類は、航空機に搭乗するための機能と、洋上に不時着した際の生残性を兼ね備えたものである。

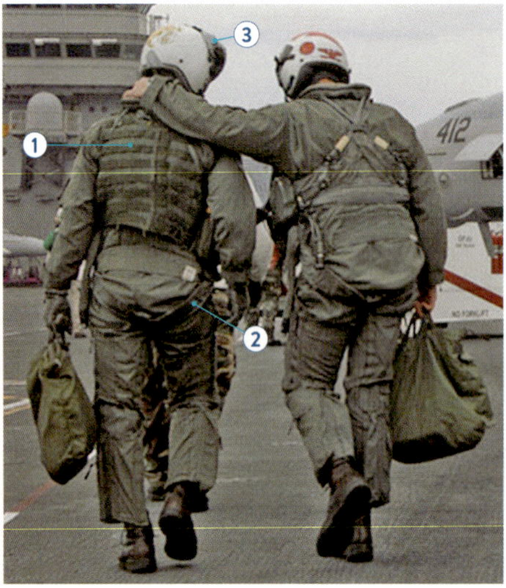

[上左] F-18のパイロットを後ろから見たところ。① CWU-33/P22P-1Bサバイバルベストと② PCU-33トルソハーネスの背面がよくわかる。左のパイロットのヘルメットにはJHMCSの③目標指定システムの装置が取り付けられている。
[上右] JHMCSヘルメットを被ったF-18のパイロット。これはJHMCS(統合ヘルメット装着式目標指定システム)と呼ばれる戦闘機用のヘルメットマウントディスプレイ装置を現用のヘルメットHGU-69/Pに取り付けたもの。この装置によりHUD(ヘッドアップディスプレイ)の情報がバイザーに投影され、真横の敵機に対してもミサイルの照準操作が行なえる。JHMCSはアメリカ空軍でも使用している。
[下右] ヘリコプタークルーの装備。① HGU-84/P(左側のクルーのヘルメットをよく見るとダブルバイザー式であることがわかる。またブームマイクが付いている)、② LPU-36ライフプリザーバー、③ CWU-33/P22-1Bサバイバルベスト、④ HABD(ヘリコプターが海上に不時着した時に使用する緊急脱出用の酸素呼吸装置)、⑤ ハーネス(CWU-33/P22-1Bサバイバルベストの内側がハーネス構造になっており、救助ヘリのホイストで直接引き上げることが可能)。

写真右の人物はCVN-76 *「ロナルド・レーガン」に搭乗するEA-6Bプラウラー（VAQ-139）の乗員。左はインド空軍から派遣されているシーハリアーのパイロット（肩にイギリス海軍式の階級章を装着している）。2人とも現行のアメリカ海軍のジェットパイロット装備を着用している。

①HGU-69/P ヘルメット（オリジナルのバイザーとレールを取り外して夜間作戦用の暗視装置NVGが使用できるようにバイザーを替えてある）、②LPU-36 ライフプリザーバー（炭酸ガスで膨張する救命胴衣）、③CWU-27 フライトスーツ（ノーメックス製の難燃性フライトスーツ。右側の人物は色違いの同じスーツを着用）、④CWU-33/P22P-1B サバイバルベスト（ベストの前面および後面にウエビングテープが付いていてサバイバルツールを収納したポーチ類を装着できる。ジェット機搭乗員だけではなくヘリコプター搭乗員も同じサバイバルベストを使用）、⑤ライト、⑥CSU-15/P 耐Gスーツ（高機動時に圧縮空気により膨張して下半身を圧迫する。血液の下半身への集中を防ぐことで、荷重による身体機能の低下が操縦に影響を及ぼさないようにする）、⑦レッグガーター（射出座席を使用した緊急脱出時に機体にぶつけて怪我をしないように脚を固定する拘束ラインを取り付けるバンド）、⑧フライトブーツ、⑨耐Gスーツ圧縮空気供給ホース（コクピットの供給装置に接続して、高機動などで荷重が加わった時に耐Gスーツ内の気嚢に圧縮空気を送る）、⑩PCU-33トルソハーネス（射出座席のシートベルトを接続して体を固定する拘束帯。シートベルトが射出座席に内蔵されたパラシュートに接続されているので、緊急時にはパラシュートハーネスの役割を果たす）、⑪酸素マスク空気供給ホース、⑫無線機ポーチ（AN/PRC-112サバイバルラジオが収納されている）、⑬MBU-23/P 酸素マスク、⑭トルソハーネスのロッキングラッチ（トルソハーネスとシートベルトの接続金具）

 ＊「ロナルド・レーガン」＝アメリカ海軍の原子力空母。ニミッツ級空母9番艦。

大英帝国の繁栄を支えた国王の海軍

イギリス海軍

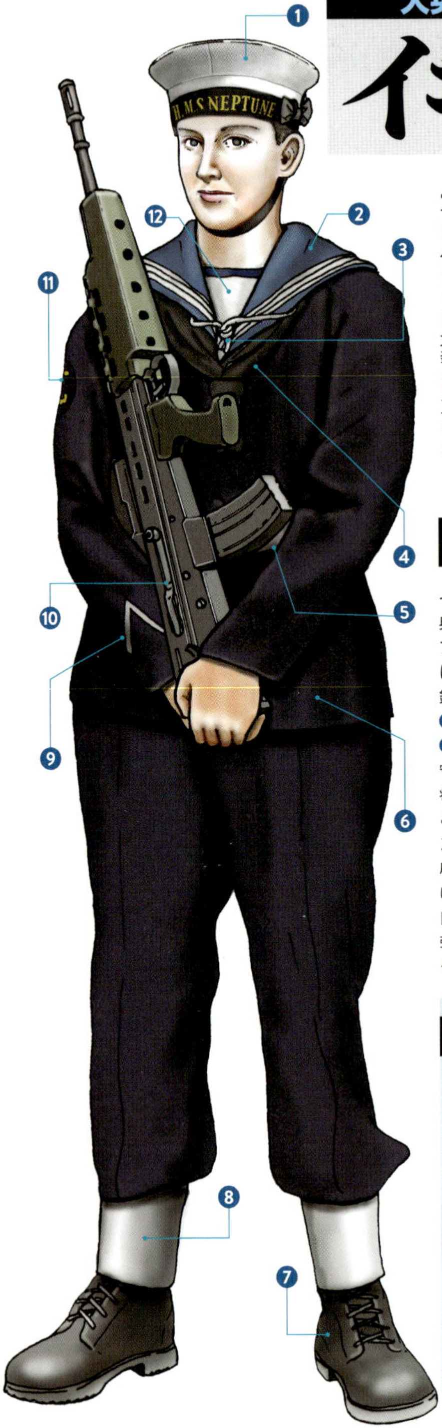

イギリス海軍は17世紀に成立した伝統ある海軍だ。特に19世紀から20世紀前半まで世界有数の海軍力を誇り、国家の繁栄を担ってきた。第二次大戦後はイギリスの衰退とともに規模を縮小し続けてきたが、今も高い遠征能力を保持しているといわれる。

長い伝統を持つ海軍だけに、将校のリーファージャケット、水兵のセーラー服といった制服や慣習、文化など、各国の海軍に及ぼした影響は大きい。

下士官・兵の服装

イラストは水兵用1Aドレスを着用した海軍の水兵長。1Aドレスは式典などで儀仗隊を務める水兵が着用する礼装用服装。水兵帽、水兵用ブルードレス(濃紺のセーラー服上下)、着用者が受勲している場合は上着に勲章を佩用、黒のブーツ、白い弾薬ベルトと白のスパッツを着用し、銃を携帯する。

❶水兵帽(白の帽子に艦名など自分の所属の金刺繍が入ったリボンが巻かれている)、❷セーラーカラーはブルーで3本の白線が入る(艦上で水兵が強風から顔を守るため、また遠くからの伝令の声がよく聞こえるよう襟を立てるため、この特徴的な形状になったといわれる)、❸ランヤード(白いひも)、❹黒のスカーフ(ランヤードと組み合わせる)、❺白い弾薬ベルト、❻セーラー服およびセーラーズボン(水兵用ブルードレスはセレモニーなどの公式行事から通常勤務にまで使用する。士官用と同様1A、1B、1Cと3種類の着用法がある。また現用のセーラーズボンは昔ほど幅広に作られていない)、❼黒革のブーツ(水兵は冬用、夏用ともに黒のブーツを履く)、❽白のスパッツ、❾精勤章、❿ SA80アサルトライフル(5.56×45mm NATO弾を使用するブルパップ式)、⓫階級章、⓬ Tシャツ(セーラー服の下には白いTシャツを着る。Tシャツの首回りは四角くカットされており、ブルーの縁が付いている)

イギリス海軍の階級章

中尉に相当する階級はない。
また1等および2等水兵は階級章なし

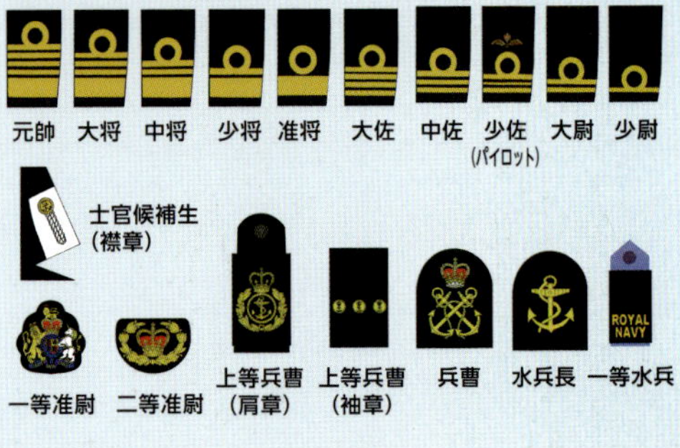

将校の制服

イラストは1Aドレスを着用した海軍大尉。1Aドレスは礼装用で、ブルードレスと呼ばれる将校用制服(ブルーといってもほとんど黒の上下)を着用。勲章を左胸に佩用してサーベルを携帯する(サーベルは上衣の下に付けた吊り革帯で吊る)。
ブルードレスは、❶将校用制帽(ピークドキャップ)、❷リーファージャケット、❸スラックス(シルエットはパイプドステムにちかい)、❹黒革靴、❺白のワイシャツと❻ブルー(黒)のタイで構成される冬用軍装(冬用といっても基本的に3シーズン使用)。なお、兵曹以上の下士官および准士官もリーファージャケットを着用するが、階級章の装着法などが異なる。
イラストは艦隊航空隊のパイロットで、左の袖章(階級章)の上にパイロット資格章を装着している。リーファージャケットは8個ボタンのダブルブレステッド。襟型はピークドラペルだが、下襟の角度が大きく上にあがった特徴的な形状になっている(アメリカ海軍や海上自衛隊の制服もピークドラペルだが、下襟の角度がイギリス海軍の制服ほど大きくない)。左胸部分に箱ポケット、両腰部分にはスリットポケットがそれぞれ付く。両袖口上部には袖章(将校用階級章)を装着する。
またブルードレスには礼装用の1Aドレスの他に、略式礼装用の1Bドレス(勲章を左胸に佩用する)、勤務用の1Cドレス(略綬を左胸に付ける)の3種類の着用の仕方がある。

写真は夏季および暑地で着用するホワイトドレスを着た将校と水兵(どちらも1AWドレス)。将校用は制帽、ウエストベルト付きの白い半袖開襟ジャケット(両胸部、両腰部にフラップ付きパッチポケットが付いている)、白のズボン、白革靴の組み合わせに肩章式の階級章を装着する。水兵用は水兵帽、白のセーラー服の上下に黒のブーツの組み合わせ。ホワイトドレスにもブルードレスと同様に、礼装用の1AWドレス、略式礼装用の1BWドレス、勤務用の1CWドレスがある。

ナチス時代と現代の2つの海軍

ドイツ海軍

ドイツの海上兵力であるドイツ海軍の制服や階級章には、第一次大戦以前の帝政時代からの伝統が引き継がれている。ここでは1935年の再軍備宣言から第二次大戦終結までの海軍（ナチスドイツ時代の国防軍）と、現代の海軍（ドイツ連邦軍）の制服や階級章を比べてみよう。

ドイツ海軍の階級章

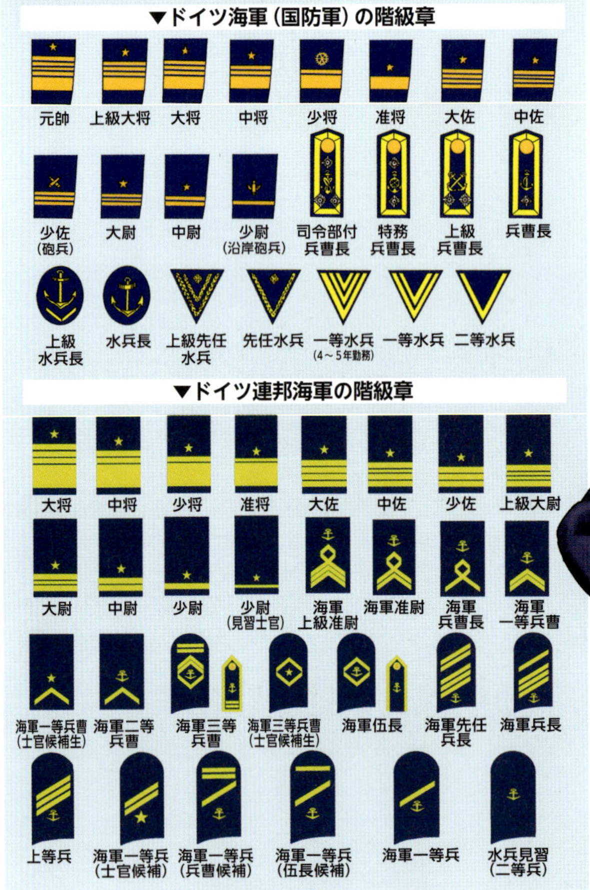

ドイツ海軍（国防軍）将校用通常軍装▶

イラストは将校用の通常軍装（略式）を着用したドイツ海軍の少佐。海軍将校の制服には正装（公式行事用の制服）と通常軍装（勤務時に着用する制服で正式と略式の2種類が存在）があった。イラストの通常軍装（略式）は、襟型がピークドラペル、前合わせがダブルブレステッド式、10個の金ボタンが付いた濃紺のジャケット（袖に階級を示す金線が付く）とスラックスを着用、制帽（クラウン部が白のものは艦長を示す）を被っている。短剣は着用しない場合もあった。1級鉄十字章をおよび戦功章略受リボンを左胸に、2級鉄十字章の略受リボンを第2ボタンホールにそれぞれ付けている。靴は黒の革靴。

ドイツ連邦海軍の制服

現在のドイツ連邦海軍の制服は、第二次大戦当時の仕様を継承しつつ新しいデザインを取り入れたものになっている。制服（勤務服）は将校用、下士官・兵用に分けられ、基本的に冬服と夏服がある。

①将校は冬服が濃紺のダブルブレステッドで6個の金ボタンが付いたジャケットとスラックス、ワイシャツおよび黒のタイ、制帽、黒の短靴。袖に金線と星を組み合わせた袖章を付ける。写真は海軍少尉の袖章を付けた将校用冬服。冬服夏服とも基本デザインは男女共通（女性用は上衣の前合わせが逆でウエスト部が絞ってある）。将校用スラックスはジャケットと共布のジップフロント式の黒ズボンで、女性用にはスカートもある（写真のジャケットでは資格章や略綬など徽章類を装着していないが、資格徽章は右胸、略綬は左胸に付ける）。②将校用制帽も男女共通のデザイン。クラウン部が白で、ハットバンド部（まき部）は黒のコンビネーションの帽子。黒革の顎ひもが付き、鍔には尉官・佐官・将官用の着用者の階級に応じた金の刺繍が入っている（下士官、准尉も同じデザインの制帽だが、鍔は黒で刺繍が入っていない）、③下士官（海軍三等兵曹～海軍兵曹長）および准尉（海軍准尉～海軍上級准尉）は将校と同じ制服を着用するが、階級章を左腕に付ける（夏服では肩章）。④夏服は白のシングルブレステッド式、4個の金ボタンの付いたジャケットとスラックス、ワイシャツおよび黒のタイ、制帽、白の短靴という組み合せ。ジャケットは両胸と両腰部分にフラップ付きパッチポケットが付いており、ショルダーストラップ部分に階級章を付ける。また夏服のジャケットは裏地のない背抜きになっている。写真は夏服を着用した海軍准将。夏服のジャケットの左胸には勲章を佩用しており、礼装を着用していることになる（夏服には上衣とタイを着用しない半袖シャツだけの略装もある）。⑤下士官（海軍先任兵長以下）・兵の制服はセーラー服。夏服は青地に3本の白線の入ったセーラーカラーと青地に2本の白線のカフスが付いた白シャツの上衣にスカーフ、白のズボン、水兵帽、黒の短靴。冬服は濃紺（将校用冬服と同じ色でほとんど黒に近い）のシャツとズボンで他は同じ組み合わせになる。セーラー服は男女共通。写真は兵用の礼装を着用して儀仗を行なう水兵。礼装は夏服の上衣に冬服のズボンという組み合わせで、白手袋を付ける。水兵帽の縁（まき）部分には着用者の所属を示す金文字の入ったペンネントを巻き、クラウン部には円形章が付いている（水兵帽は冬服夏服共通）

①

②

③

④

⑤

アメリカと真正面から戦った唯一の海軍

大日本帝国海軍

帝国海軍は日清・日露戦争に勝利を収め、日本はイギリス・アメリカに続く三大海軍国となった。スマートさを旨とし、独自の気風を持った日本海軍は軍装においても特徴的であった。その代表的な制服といえば、士官用の第一種軍装と第二種軍装だろう。

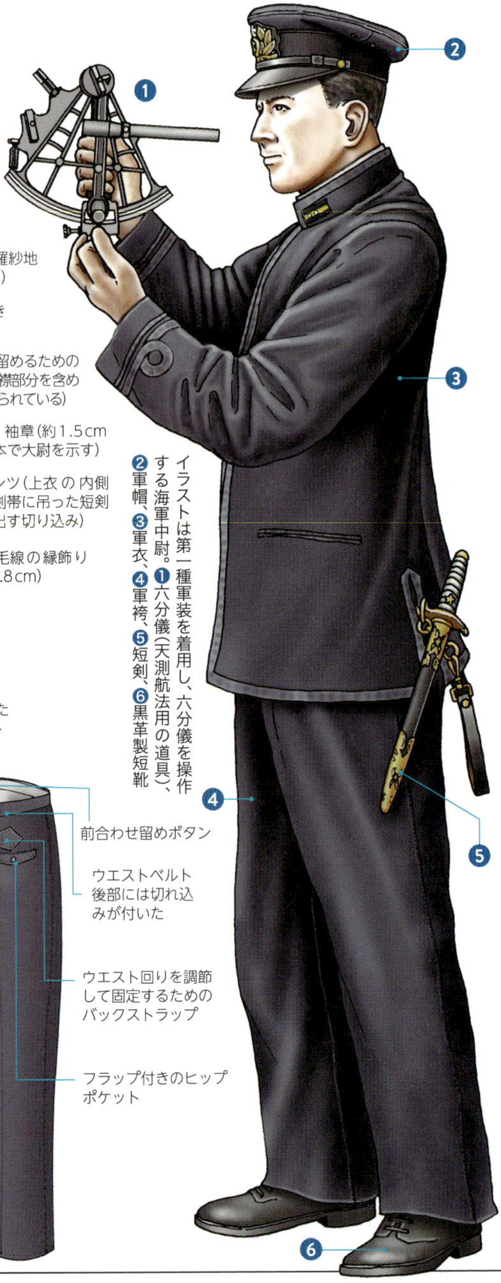

イラストは第一種軍装を着用し、六分儀を操作する海軍中尉。❶六分儀（天測航法用の道具）、❷軍帽、❸軍衣、❹軍袴、❺短剣、❻黒革製短靴

詰襟には襟章が付く（襟高は約4.2cm）
カギホックあて布

上衣▲

軍袴▶

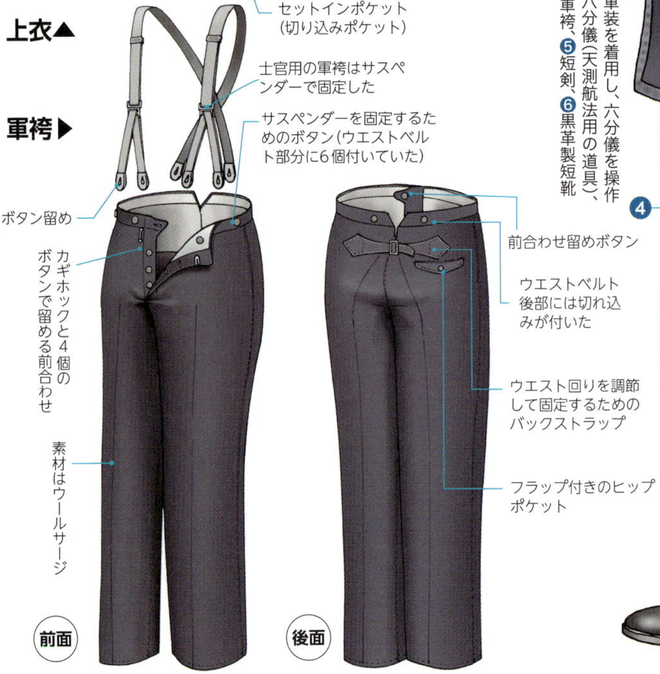

士官用第二種軍装

第二種軍装は夏季用軍装で、原型は明治20年（1887）に勅令第43号により制定された。初期の夏服は明治16年（1883）に制定された常服（第一種軍装の原型）と同様に前合わせがカギホック式でデザインも似たものだったが、明治33年にボタン式に変更されている。このとき袖章も廃止され、肩章を装着するようになった。そして大正3年の勅令第24号により第二種軍装として制定された。その構成は軍帽、日覆い、夏衣、夏袴、剣帯、短剣、麻襦袢、麻襟、黒革製の短靴（白革製の短靴）、白色革製の手袋と定められていた。海軍士官の制服といえば純白の第二種軍装を指すほど映画やドラマでもおなじみだが、実際の制服はリンネル（亜麻の繊維を使った織物。丈夫で吸湿性がある）の生地で作られていたので、純白ではなかった（少し黄色みを帯びた白に近い）。

イラストは第二種軍装を着用した海軍中将。腰に短剣を吊っている。❶日覆いを付けた制帽、❷肩章、❸第二種軍衣、❹短剣、❺第二種軍袴、❻白革の短靴、❼略綬章

▲軍衣金ボタン

▼略綬章

勲章略綬リボン。左胸に付けた。1列に4個の略綬が付く

固定用ピン。ここに糸をかけて左胸に固定した
略綬座金

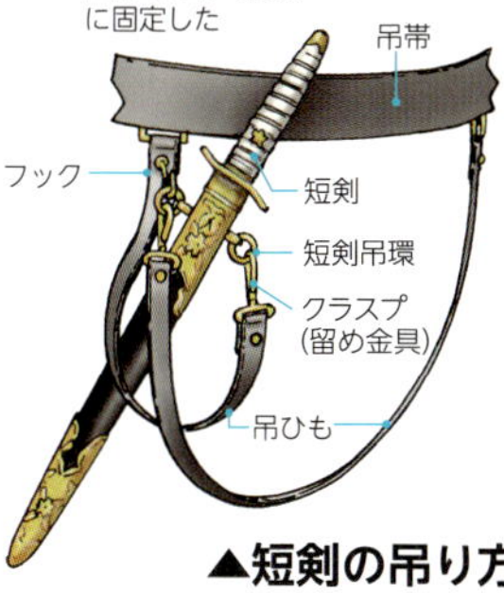

▲短剣の吊り方

士官用短剣は明治16年（1883）に制定され、全長は約40cm。柄は白鮫、鞘は黒革が使われていた。吊帯を軍衣の下に着用、短剣は鞘に付いた吊環にクラスプで吊紐を留める。腰に吊るためにさらに吊環を吊紐に付いたフックに引っ掛ける。実用性はほとんどなく、士官の威厳を示すアイテムであった。

士官用第一種軍装

冬期の通常勤務服は大正3年（1914）の「海軍服装令」勅令第 24号により第一種軍装と定められた。士官の第一種軍装は、軍帽・軍衣・軍袴・黒革製の短靴・剣帯（短剣や長剣を腰に吊り下げるためのベルトで軍衣の下に着用した）・麻襦袢および麻襟（麻襦袢は軍衣の下に着る前ボタン留めの麻製シャツ。麻襟は麻製のカラー）・短剣・白色革製の手袋で構成される。

第一種軍装上衣▲

胴衣▶

士官用胴衣（ベスト）は前合わせが6個ボタン
3個のセットインポケットが付く

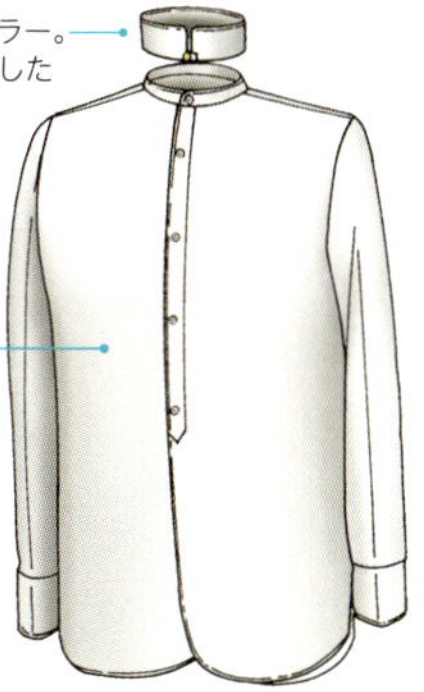
取り外し式の麻製カラー。専用金具で固定した
上衣の下に着用した士官用の麻襦袢

日本海軍士官の正装と礼装

第一種軍装や第二種軍装は通常の勤務で海軍士官が着用する制服であるが、これらに対して公式の行事や式典などで着用するのが正装・礼装・通常礼装と呼ばれる軍装であった。国家や軍の公式行事、式典などで着用するのが正装、正装を着用する必要のない行事や式典では礼装、略式の行事や式典では通常礼装をそれぞれ着用した。

通常礼装（海軍中佐）

礼装や通常礼装で着用する服は礼衣と呼ばれ、礼衣に何を組み合わせるかによって通常礼装と礼装に区別された（ただし夏季は白の上下の第二種軍装で代用していた）。また准士官の場合は正装がないので通常礼装を儀礼に使用した。イラストは通常礼装を着用した海軍中佐（兵科将校）。❶軍帽（帽子の山部分の直径や高さ、鍔の長さまで勅令により定められていた。素材は生地が紺羅紗、鍔は黒塗り革製、顎ひもは黒塗り薄革製）、❷取り付け式襟カラーおよび蝶ネクタイ（白色の麻襦袢にカラーを取り付けたもの。その上に胴衣を着て礼衣を着用した）、❸礼衣（フロックコートで袖部分に階級章が付いた。両肩部分に正肩章を取り付けるループがある）、❹勲章（イラストでは複数の勲章を佩用しているが、通常礼装では受勲したうちで最高位のものを佩用するのが一般的）、❺剣帯（黒革製の通常着用するもの）、❻短剣（通常礼装では短剣を腰に吊る）、❼白革製の手袋（鹿の革などを染色したもの）、❽軍袴（礼衣とそろいの礼袴を着用）、❾黒革製の短靴

▼礼衣

礼衣は膝までの長い丈を持つフロックコート。素材は表地が礼衣とともに上質のウールサージやドスキン、裏地には正絹やキュプラなどが使用されていた（礼衣は総裏地）。

特務士官であることを示す桜章を付けた袖章（桜章は昭和17年に廃止された）

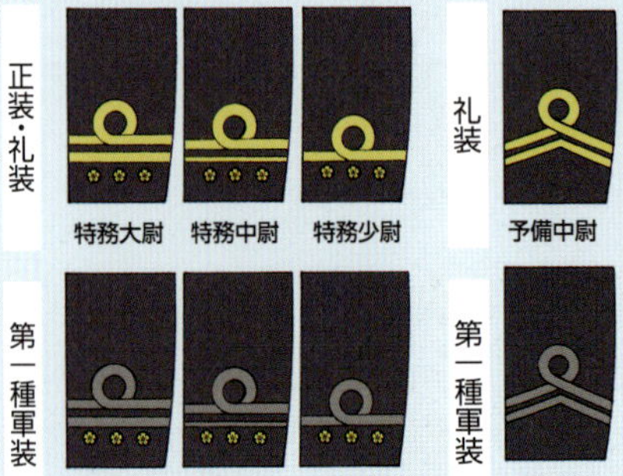

兵学校や機関学校出身の正規士官とは異なり、人材確保のため商船学校出身の商船士官を採用したのが予備士官。正規士官とは明確に区別され、軍帽前章も桜花でなく羅針儀（予備士官徽章）が付いていた。

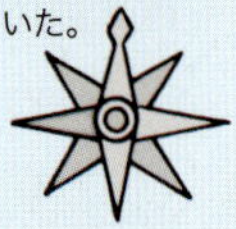

予備士官徽章

▼サーベルおよび短剣

サーベル(長剣)は、長さ2尺5寸(約69.69cm)ないし2尺8寸(約84.84cm)と定められていた。

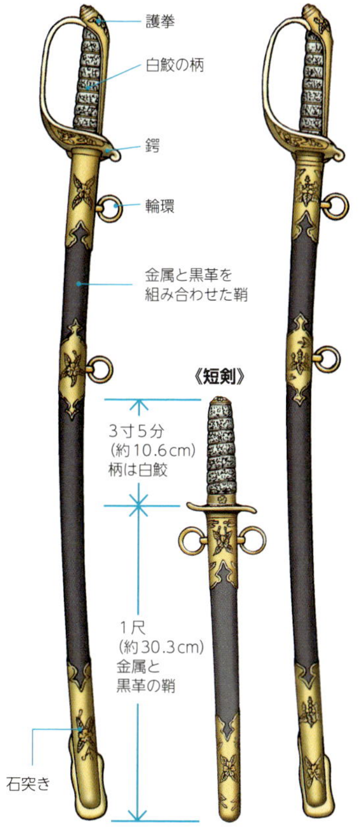

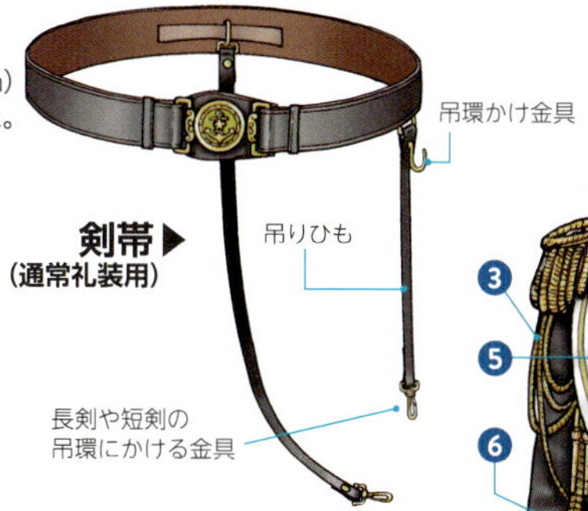

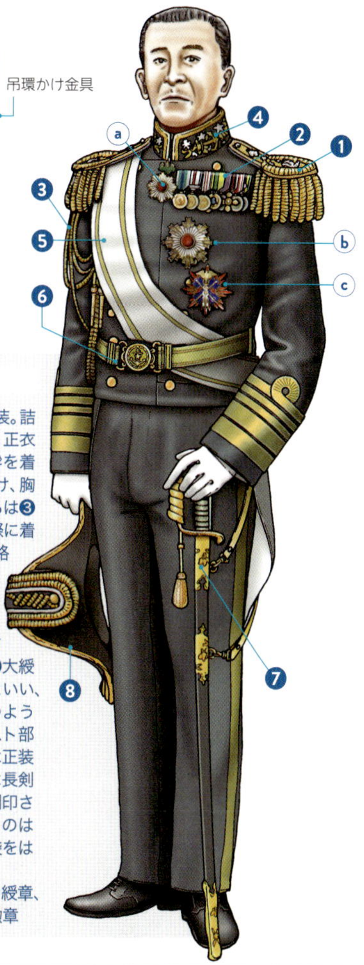

正装(海軍大将)

イラストは昭和初期の海軍大将の正装。詰襟で燕尾服型の正衣に正袴を着用。正衣の下には白色の付襟を付けた麻襦袢を着た。正衣には❶正肩章(将官用)を付け、胸には受勲した❷勲章を佩用、右肩からは❸飾緒(将官を示す飾緒で正衣を着る際に着用した。飾緒にはこの他に通常装や略装でも着用される参謀飾緒、武官飾緒、副官飾緒などがあった)を吊っている。また正衣の❹襟章も将官・佐官・尉官により刺繍模様が異なる。右肩から下げている帯状のたすきは❺大綬(勲章を身に付けるためのひもを綬といい、等級の高い勲章を付けるイラストのような帯状のひもを大綬という)。ウエスト部に巻いているのは❻正剣帯。正装では正装用の剣帯で腰に❼長剣(イラストでは長剣の鞘の金属部には将官用の模様が刻印されている)を吊る。右手に持っているのは将官用の❽正帽。手には白色の革手袋をはめ、靴は黒革製の短靴を履いている。

佩用している勲章は、ⓐ勲三等旭日中綬章、ⓑ勲一等旭日大綬章、ⓒ功二級金鵄勲章

袖章(将校階級章)

昭和17年(1942)の改正までは、正装や礼装に付けられた階級を示す金色の袖章に兵科識別線が入らないのは兵科将校だけだった

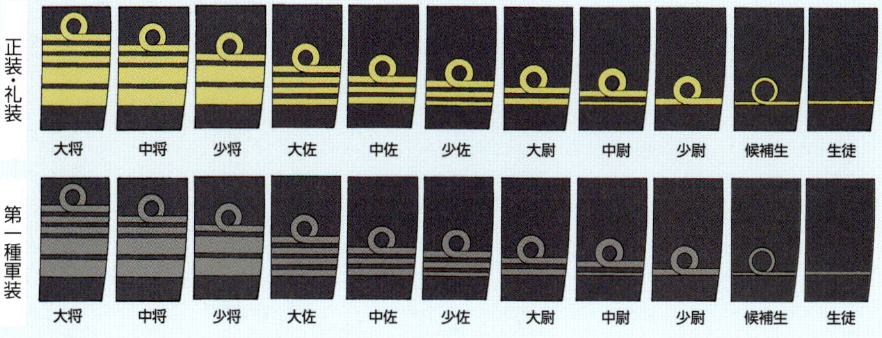

下士官の軍装と士官の第三種軍装

被服が自前の士官（兵曹長以上の准士官および士官）と、支給が原則の下士官とでは、その軍装は似たようなデザインながら多くの点が異なっていた。上衣を比べても、士官用の凝った造りに対して、下士官用は今日の学生服と同じ形のシンプルなものだ。ちなみにどちらも上着が詰襟になっているのは、日本海海戦で連合艦隊司令官を務めた東郷平八郎大将の意向だったといわれる。

下士官用第一種軍装

下士官用の第一種軍装は軍帽・軍衣・軍袴・襦袢・黒革製の短靴で構成されていた。上着は詰襟型の長ジャケットで、シングルブレステッドの前合わせ、5個のボタン(錨に桜を組み合わせた打ち出し金属ボタン）で合わせを留めた。ポケットはフラップなしのセットインポケットで、ウエスト部両サイドに取り付けられていた。表生地にはサージが使用されたが、防寒を兼ねて厚手の羅紗を使用したものもあった。軍袴も生地は上衣と同じ。

イラストは昭和17年の改正以前の二等兵曹。上衣の右腕部分には❶善行章と兵科の二等兵曹を示す❷官職区別章、左腕部分には高等科砲術章を付けている。山型の善行章はまじめに3年間勤務すると1本もらうことができた。また海軍や社会に対して優れた貢献をしたり、戦功を上げたりした下士官・兵に授与される特別善行章もあった。

◀上衣

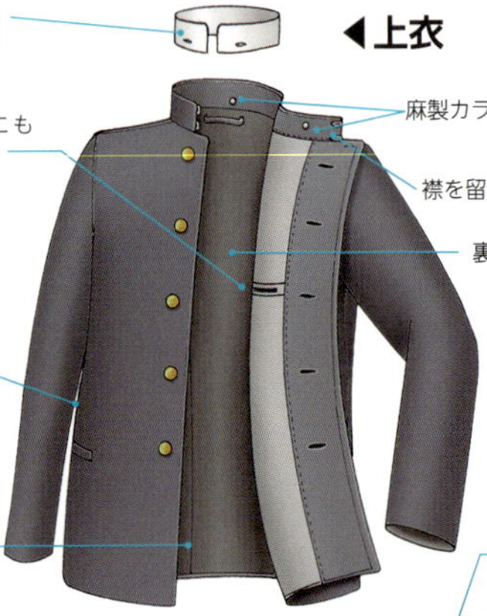

取り外し式の麻製カラー(学生服のカラーと同じ形式)
内ポケット(右側にも内ポケットがある)
士官用と同じ位置にサイドベンツが入っている
後面は士官用と同様な裁断でシーム(縫目)が付いている
麻製カラー取り付け部
襟を留めるカギホック
裏地は総裏地

▼麻襦袢

士官用とはデザインが異なりカラーを取り付けることができず、材質も劣っていた

軍袴▶

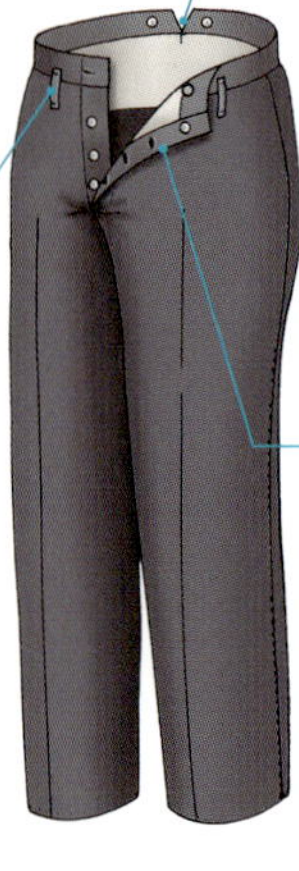

ウエストベルト部分は後部に切れ込みが入り、内側にサスペンダーを取り付けるためのボタンが付いている
前合わせは4個のボタンで留めるボタンフライ式
ベルト固定用のループ。下士官用の軍袴はベルトかサスペンダーを使って固定した(太平洋戦争後期になると簡略化されベルトのみになった)

太平洋戦争末期の士官用第三種軍装

戦局が悪化し物資が不足していた昭和19年(1944)8月、褐青色の制服のみを着用すると定めた「臨時海軍第三種軍装令」が公布・施行された。これは昭和18年に制定された褐青色の略装(開襟背広型の上衣・軍袴・略帽で構成)を格上げして正式の第三種軍装とするというもので、基本的に士官、下士官・兵の制服は同一とされていたが、実際には色が同じというだけで、デザインも生地も大きく異なっていた。

イラストは第三種軍装の略帽❶(軍衣と共布で、顎紐は布製。士官用略帽には、士官を示す黒い太線が2本付いた)、❷上着、❸軍袴を着用した海軍大尉。上衣の下には褐青色の❹ワイシャツ、紺鼠色の❺長ネクタイ。上衣の下には剣帯を付けた。履いているのは❻半長靴だが編上靴なども使用されている。第三種軍装が制定された時期は太平洋戦争も後半であり、❼軍刀(昭和12年に制定された海軍軍刀で陣太刀拵えの作り)を携帯する士官が多かった。第三種軍装では士官用でもサージではなく麻生地を使用したものが多数製作され、色も褐青色とはいえ統一されていなかった(できなかった)。

◀略帽前章

▼襟章

襟章前面(大尉)

襟章裏側の固定用クリップ

襟章裏面

▼第三種軍装

第三種軍装ではデザインを簡素化し、生地の無駄が出ないように細かいパーツに分割・縫製した。そのため服にシームが多い。
❶フラップ付きパッチポケット(プリーツが付いている)、❷金色の金属押し型ボタン(合わせを4個のボタンで留めた)、❸フラップ付きポケット(パッチポケットではない)、❹セミピークドラペル、❺裏地が付いていない、❻インバーテッドプリーツ、❼バックベルト、❽サイドベンツ、❾ボックスベンツ

下士官・兵の第一種／第二種軍装と階級章

下士官・兵用軍装

水兵および下士官用の軍装にも第一種と第二種が存在した。この区分が制定されたのは大正3年(1914)からで、それ以前は第一種に相当する通常軍服、第二種に相当する夏服などというように区分されていた。第一種兵用軍装は軍帽・中着・軍衣・軍袴・襟飾りなどで構成されていたが、夏季に着用する第二種兵用軍装では中着は着用しない(軍衣の襟がそのまま外に出ている状態になっていた)。軍衣および中着は前開き式ではなく被るようにして着用する方式で、胸元はひもで固定する。軍衣の襟は取り外すことができ、左胸部分には隠しポケットが付けられていた。また軍袴の着脱はボタン留め式の前当て布の取り外しで行なった(水中で素早く軍袴を脱げるようにするための工夫だった)。第一種軍装の軍衣および軍袴の生地は紺色の羅紗(紡毛を密に織って起毛させた厚地の生地で丈夫で保温性も高い)、第二種は白のリンネルが使われていた。軍帽には金文字の所属艦名と錨マークが入ったペンネントを巻いていたが、昭和17年から所属部隊名を秘匿するために「大日本帝國海軍」の文字だけが入ったものに替えられている。

▼下士官・兵用第一種軍装

セーラーカラーと呼ばれる独特の襟には白線が1本入っている
襟飾り

◀中着襟

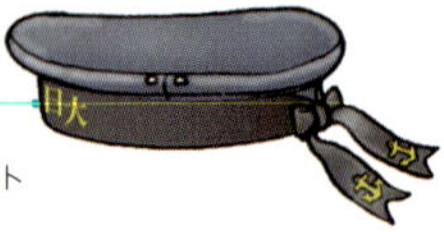

ペンネント

▼兵用軍帽

◀軍衣

▼兵用中着

前当て布

◀第一種兵用軍袴

第一種下士官・兵用軍装は冬季用の軍装で、中着と軍袴を着用した上に軍衣を重ねて着る。このとき中着の襟を外側に出し軍衣の襟に重ねる。つまり第一種兵用軍装で見えているセーラーカラーは中着の襟である。

兵用第二種軍装 ▶

イラストは下士官・兵用第二種軍装を着用した二等水兵。
❶兵用軍帽、❷第二種兵用軍衣、❸襟飾り、❹善行章、❺臂章(ひじしょう)、❻第二種兵用軍袴、❼短靴

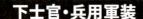

下士官および兵の階級章

下士官および兵の階級章は軍衣の両腕部分に取り付ける臂章（ひじしょう）だった。臂章は階級とともに兵の種類を表し、正確には官職区別章と呼ばれた。丸型の台地に各兵種をあしらった臂章は昭和17年（1942）10月の改正まで使用され、それ以降終戦までは各兵種共通の横線、桜、錨を組み合わせたものになった。この臂章から兵科ごとに色の異なる桜マークを付けて識別した。

下士官・兵臂章（昭和17年改正まで）

下士官・兵臂章（昭和17年改正以降）

水兵科の桜マークは黄色。ここでいう水兵科とは「兵科」のこと。海軍には9つの兵種があり、下にあげた8つは専門的な兵種だったのに対し、兵科は大砲や水雷の扱いから無線通信、艦の運航、内火艇の運航などあらゆる業務をこなす「なんでも屋」的な存在だった。したがって海軍の中で最も人員の多い兵種となった。

臂章に付ける兵科ごとの桜マーク

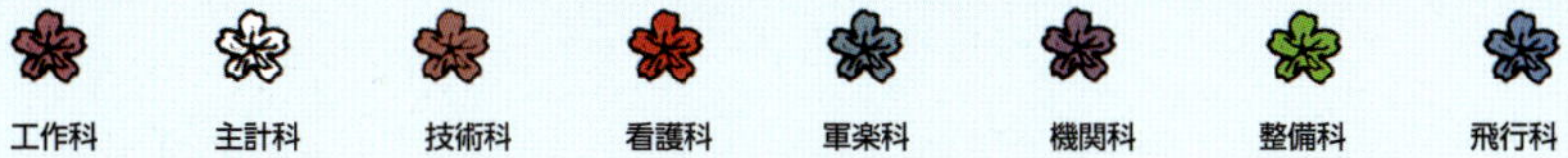

日本海軍の階級章と各種徽章

日本海軍では士官と下士官・兵の間には歴然とした身分の区別があり、それどころか士官の間にも明確な区別があった。それがひいては有能な士官を有効活用できないという弊害を生み出す海軍の負の部分ともいえた。

その一方で、士官たちが差別していた下士官・兵は世界に誇れるほど優秀であり、帝国海軍の土台を支えたのだった。

軍帽および前章

士官軍帽前章▶

▼下士官軍帽前章(昭和17年改正以降)

下士官軍帽(昭和17年改正以降)▲

▼下士官軍帽前章(昭和17年改正まで)

下士官軍帽(昭和17年改正まで)▲

◀士官軍帽

下士官・兵の優秀さを示す特技章

太平洋戦争における日本海軍の下士官・兵は、他国の海軍に比べて非常に優れていたといわれる。その理由は昇進制度にあった。兵が下士官任用試験に合格するには、マーク持ち(特技章獲得者)になることが必須であり、特技章獲得のためには術科学校(砲術・水雷・対潜・通信・電測・航海・気象・工機・工作・経理の各学校および海軍病院練習部・海兵団練習部があり、当時としても高度な教育内容だった)の普通科練習生を卒業しなければならなかったからだ。現役で下士官となることを望むなら勤務成績と術科学校の教程で上位に入っていなければならず、昇進を望む兵は精勤に努めるかたわら寝る間を惜しんで勉強しなければならなかったのだ。努力する兵と、そこからの叩き上げの下士官が優秀になることは当然といえよう。

なお、兵が下士官に昇進するためには最短でも4年半ほどかかり(ただし飛行科は下士官への昇進が早く、また太平洋戦争が始まって下士官が不足してくると各科でも昇進が早くなった)、現役の下士官になると6年間の義務服役期間が生じるが、この間にさらに准士官への昇進を望むものは術科学校の高等科(専門的でレベルの高い教程だった)練習生を卒業する必要があった。高等科を修了してさらに専門家を目指す者のために特修科練習生という教程もあった。

▼特技章(昭和17年改定以前)　▼同改定以後

高等科信号術章　普通科信号術章　高等科電信術章　普通科電信術章　高等科水雷術章　普通科水雷術章

普通科の各種練習生の教程を終了した者に与えられた普通科特技章(昭和17年改定以降に制定)

高等科電気術章　普通科電気術章　高等科整備術章　普通科整備術章　高等科経理術章　普通科経理術章

高等科砲術章　高等科測的術章　高等科機関術章　普通科機関術章　高等科看護術章　普通科看護術章

特修科、専修科、高等科または飛行術練習生の教程を卒業した者に与えられた高等科特技章(昭和17年改定以降に制定)

普通科運用術章　普通科衣糧術章　航空術章　特修科軍楽術章　高等科工作術章　特修科工作術章

日本海軍士官の階級章

海軍士官になるには海軍兵学校、海軍機関学校、海軍経理学校のいずれかを卒業して任官する方法が最も*一般的であった。しかし、艦船部隊を指揮する権限（指揮承行権）を兵学校出身の士官（兵科将校）以外にも認めたのは大正4年（1915）の軍令承行令の発令からだった。それまでは機関科や軍医、主計や造船などの士官は将校ではなく将校相当官の扱いであった。やがて大正8年の改正により将校相当官は各科将校という名称に変わり、このときから各科将校も蛇の目の袖章を付けるようになったが、兵科識別線により兵科将校とは明確に区別された。

なお、兵から下士官、准士官、士官と叩き上げで昇進した者を特務士官といい、彼らも士官でありながら先に述べた海軍の学校出身者とは職務や待遇などで明確に区別されていた。袖章も識別のために礼装や第一種種軍装の袖章の下に金属製の桜章を3個付けていた。

▼肩章（昭和17年改正以前）

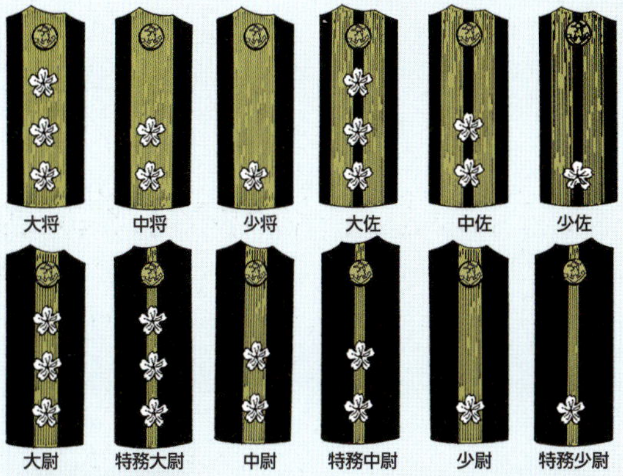

昭和17年まで使用された肩章。金ボタンで固定し、長さ約12.75cm、幅約5.1cmの肩章は大正3年に制定された。

▼軍帽識別線

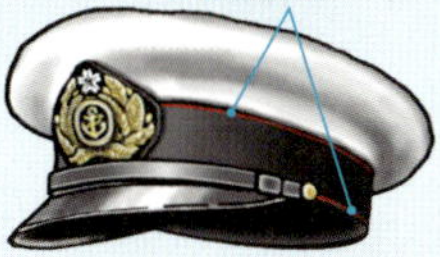

昭和17年の改正以前は軍帽に各科将校（赤は軍医科）を示す識別線がハチマキ部分に2本入っていた。

各科識別線▶

兵科将校と各科将校を区別するために、軍帽および袖章（両者は昭和17年廃止）、襟章、肩章に識別線が入っていた

《正装・礼装》

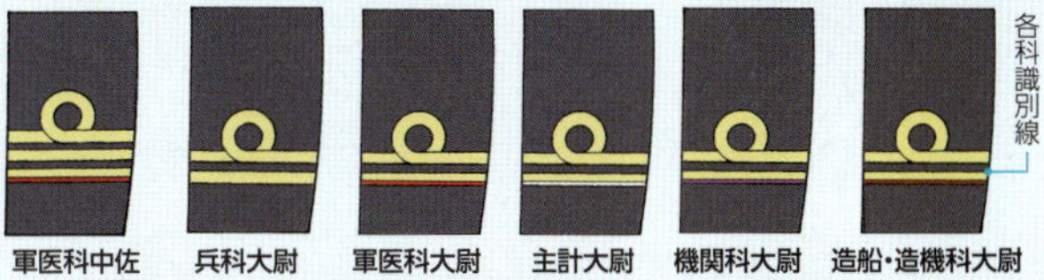

▼ 襟　章

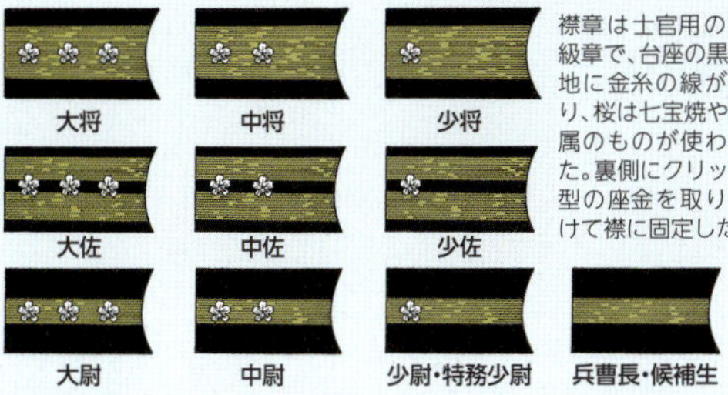

襟章は士官用の階級章で、台座の黒生地に金糸の線が入り、桜は七宝焼や金属のものが使われた。裏側にクリップ型の座金を取り付けて襟に固定した。

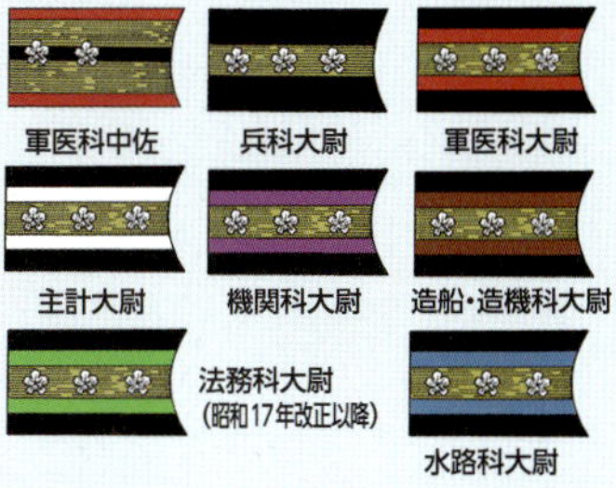

＊一般的＝軍医士官や造船士官になるには、一般大学を卒業して任用される方法があった。

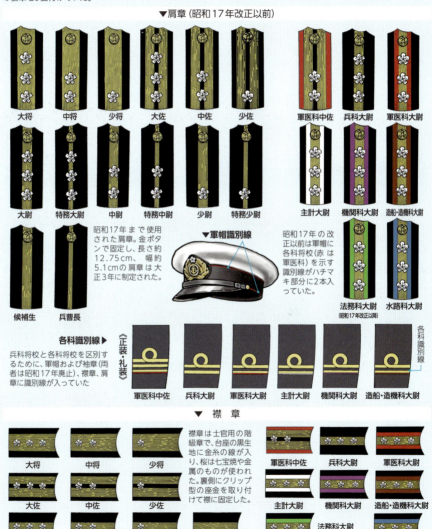

旧軍の伝統を受け継ぐアジア有数の海軍

海上自衛隊

海上自衛隊の階級章には甲、丙、乙および略章がある。甲階級章は常装冬服、丙階級章は第一種および第三種夏服、乙階級章はワイシャツ（幹部および准海尉）および作業服（全階級）のショルダーストラップにそれぞれ装着する。

甲階級章は幹部および准海尉が上着の両袖に付ける袖章で、これはイギリス海軍やアメリカ海軍の士官用制服に倣ったもの。旧海軍の第一種軍衣や通常礼装では蛇の目の袖章を装着していたが、海上自衛隊では金線に桜章の組み合せになっている。また丙階級章も幹部および准海尉はショルダーボード型で夏服の肩部分に装着する。

一方、海曹長以下は甲および丙階級章ともに左上腕部に装着する腕章になっている。略章は航空服装などの一部の特殊服装のみに装着する。このため乙階級章のほうが使用頻度は高い。乙階級章のデザインは丙階級章と同じ。

海上自衛隊の階級章

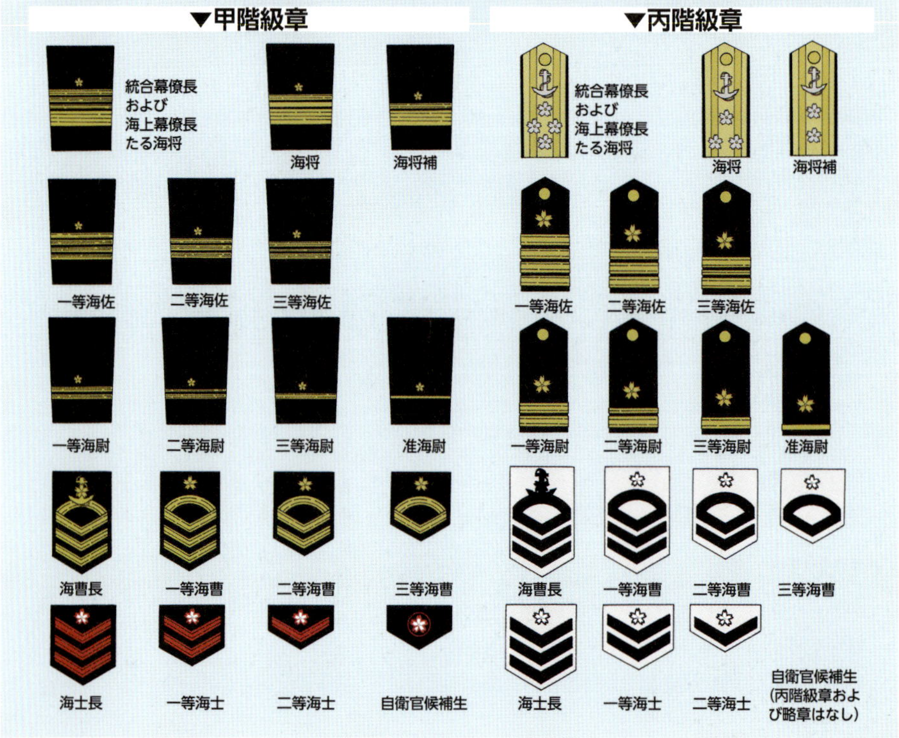

海士長および海士の常装

海士長および海士用の常服には冬服、第一種夏服、第二種夏服、第三種夏服がある。これらのうち男性自衛官は冬服、第一種夏服ともにセーラー帽型の正帽、セーラーカラーの付いた長袖シャツとラッパズボン、スカーフ、黒の短靴(海曹長以下は冬服夏服とも黒の短靴)という構成だが、冬服と夏服では服の色が異なっている。冬服は黒(濃紺)の上下、夏服は白の上下で、冬服には左上腕部分に甲階級章、夏服には丙階級章をそれぞれ装着する。正帽は共通でクラウン部が白、縁(まき)部分に黒(濃紺)のペンネントが巻かれている。冬服、第一種夏服ともに1954年の海上自衛隊創設時に制定されたデザインがそのまま踏襲されている。第三種夏服は1958年に夏季用の略衣として制定されたものが1970年に第三種夏服となった。上衣がセーラーカラーの付かない開襟の半袖シャツで、左胸部分にパッチポケットがある。第三種夏服では左上腕部に丙階級章を装着する。

左のイラストは第一種夏服を着用した海士。❶旧海軍以来の伝統的な縁が立ったベレー帽のような海士長および海士用の正帽、❷縁部分には所属部隊などの金文字が入ったペンネントが巻かれている、❸第一種夏服上衣、❹儀式用の白色の弾薬ベルト、❺裾に向って幅広になっていく伝統的なラッパズボン。ゆったりと作られている、❻黒の短靴、❼64式7.62mm小銃(セミ／フルオート射撃が可能な国産アサルトライフル)

海士長および海士用の通常礼装を着用した海自隊員。通常礼装は冬服に白手袋を着用、白色の弾薬ベルトを付ける。海士長以下の隊員は冬服では左上腕部分に甲階級章を装着する。写真の右および中の隊員が階級章と一緒に左腕に付けているのは精勤章。

▼常装冬服上衣

シーマンシップを体現する海上自衛隊の制服

海上自衛隊の常装（制服あるいは勤務服）には、冬服（1954年制定）、第一種夏服（1958年制定の第二種夏服を1996年に第一種と変更）、第三種夏服がある。男性用常装は幹部および准海尉が共通のデザイン。ただし階級章や徽章類の形式や取り付け位置が異なり、また正帽の顎ひもや帽章も違う。一方、女性用は冬服夏服とも幹部曹士共通のデザインで、男性用と同様に階級章の形式や徽章類の取り付け位置で区別している。

男性幹部用常装冬服

デザインはアメリカ海軍の士官用勤務服ドレスブルーと共通している。男性幹部用はダブルブレステッドのスーツ型、女性用はリーファーカラーのピーコートによく似たデザインになっている。素材は仕立てにより異なるが、オーダーではウール、イージーオーダーではアクリルなどが表生地に使われる。男女とも袖口部分に甲階級章を付ける。

右のイラストは常装冬服を着用した海将。上着の袖には海将を示す甲階級章（袖章）を付けている。海自の幹部自衛官の着用する常装冬服は黒色のダブルブレステッド型ジャケットの上着、黒色のズボン（ジップフロント）、正帽、黒の短靴で構成される。上着の下には白いワイシャツと黒のタイを着用する。常装冬服は1954年の海上自衛隊創設当時に制定されたデザインで、以降変わっていない。

❶幹部正帽（錨と環を中心に上部に桜花、周囲に桜葉をあしらった帽章と金色の顎ひもが付き、二佐以上は帽子の鍔に金モール製の葉模様の刺繍が入る。将官用の鍔模様は葉の数が多い）、❷水上艦艇徽章、❸防衛記念章、❹冬服上着、❺袖章（甲階級章と桜章）、❻冬服ズボン、❼短靴（黒革製とクラリーノ製がある）、ⓐピークドラペル型の襟、ⓑウエストシーム（ウエスト部分の縫目が入っている）、ⓒ両腰部のフラップ付きスリットポケット、ⓓダブルブレステッドの前合わせ、ⓔ錨マークを浮き彫りにした金ボタン

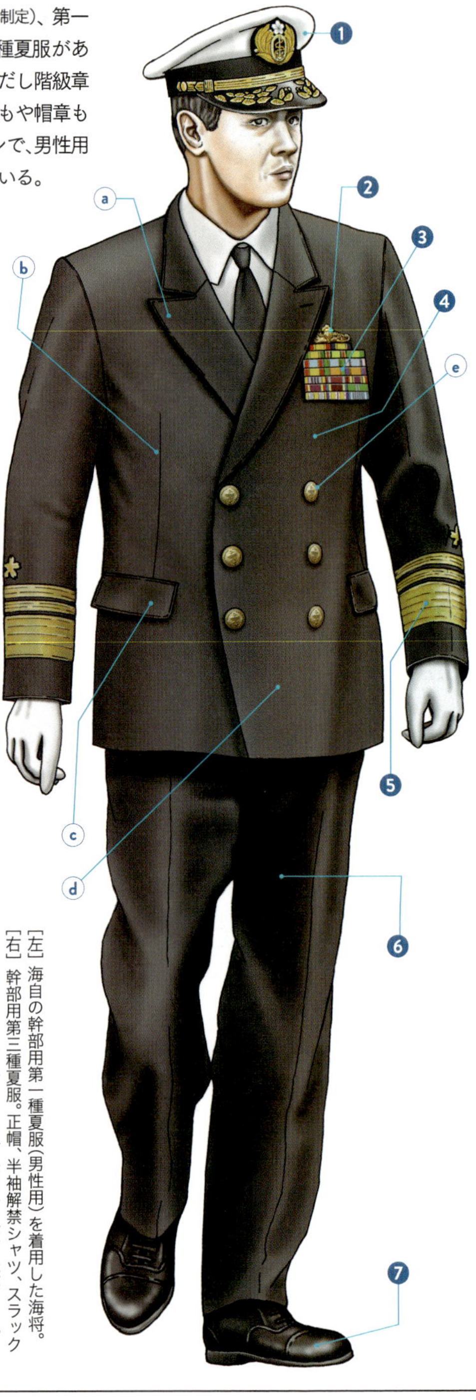

［左］海自の幹部用第一種夏服（男性用）を着用した海将。
［右］幹部用第三種夏服。正帽、半袖解禁シャツ、スラックス、白の短靴の組み合わせの略衣。丙階級章を装着する。

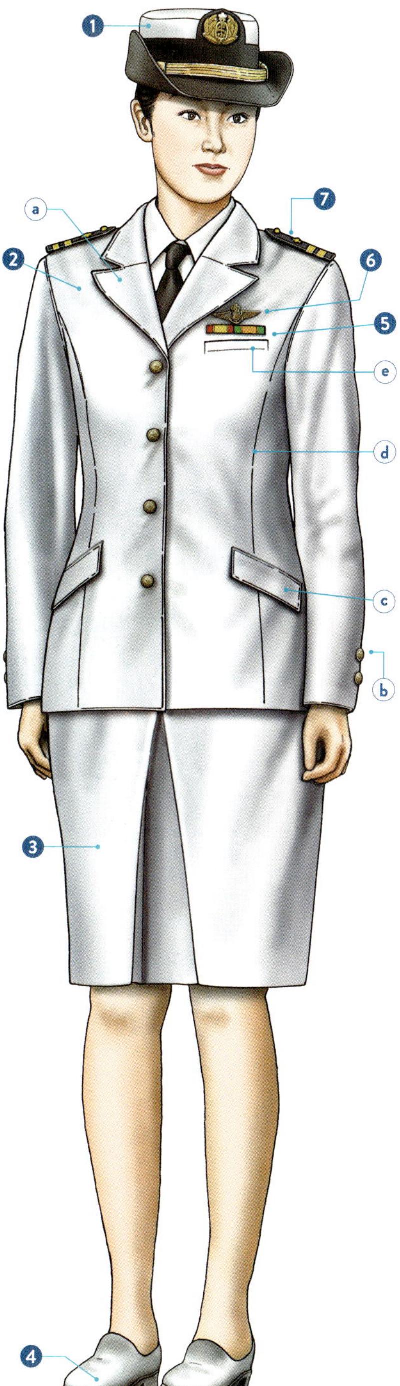

女性常装第一種夏服

イラストは第一種夏服を着用した女性幹部(一等海尉航空医官)。女性用常装第一種夏服(1974年制定)は、第一種夏服上着、スカート(スラックスもある)、正帽、ワイシャツ、タイ、短靴(女性用第一種および二種。スラックス着用時のみ三種)、丙階級章で構成される。❶幹部制帽(海自の女性自衛官用の正帽は、アメリカ海軍の女性用制帽によく似たデザインで、幹部・曹士共通。後ろ側にリボンが付いている。帽章は男性用と同じデザインだが大きさが少し小さく、幹部用の正帽は金色の顎ひもが付く)、❷第一種夏服上着(合わせが右前のシングルブレステッド、4つボタンのジャケット。背抜きになっており、後面中央にスリットが入る)、❸インパーテッドプリーツスカート(夏服のスカートでは、足さばきが軽快で脚が長く見えるインパーテッドプリーツが正面中央に付いている。右脇にはフォワードポケットが付く。左脇を開けたファスナーとカン留め式)、❹女性用2型白短靴(幹部および准海尉は第一種夏服着用時には白の短靴を履く)、❺防衛記念章、❻航空医官徽章、❼丙階級章(幹部および准海尉の常装第一種夏服と第三種夏服で着用するショルダーボード型の階級章。第一種夏服では両肩部分に階級章を装着するループが付いている)、ⓐテーラードカラーの襟、ⓑ左右の袖口に金色のボタンが2個付く、ⓒ腰部分にフラップ付きスラントポケット、ⓓパネルラインが入っている、ⓔ胸部分に箱ポケット

正帽徽章▶

右が幹部および准海尉用、左が海曹長および海曹用。よく似たデザインだが、幹部および准海尉用では錨の周囲に環が付いている点が異なる。

▼海自幹部用第一種夏服上着

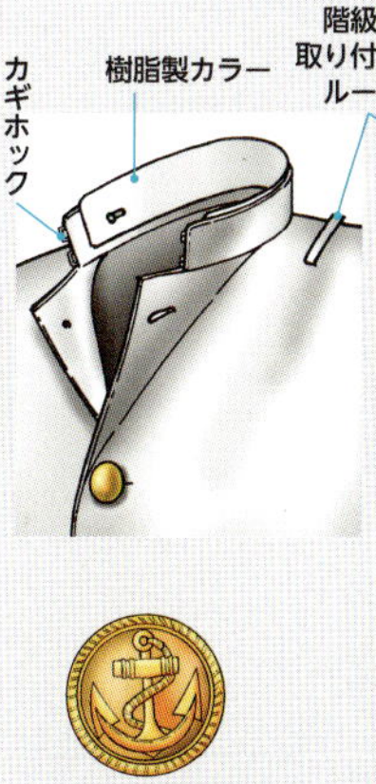

現在の幹部用第一種夏服は1958年に第二種夏服として制定されたデザインが踏襲されたもの。男性幹部用の第一種夏服は白の詰襟服と白のズボン、正帽、白の短靴で構成されている。第一種夏服では丙階級章を着用(幹部自衛官は肩部分にショルダーボード型の階級章を付ける)。イラストは第一種夏服上着のジャケット。カギホックで留める詰襟式。前合わせはシングルブレステッドで、5つボタンで閉じる。両胸にフラップ付きのパッチポケットが付き、背抜きになっている。

職場であり生活空間である艦艇で着る服

護衛艦では「科」という編制と「部署」という配置がある。科は所掌に応じた業務を行なう部署で、艦長をトップに副長、砲雷科、船務科、航海科、機関科、補給科、飛行科、衛生科を編制、各科は科長の下に幹部と曹士が配置されている。一方、部署という配置は大別すると戦闘部署、緊急部署、作業部署に分かれている。たとえば戦闘時は砲雷科員として戦闘部署につくが、平時は作業部署で投錨や揚錨作業などを行なうといった配置をいう。

また、仕事上の編制としての科に対して、生活上の編制として分隊がある。通常、第一分隊から第五分隊まであり、各分隊は分隊長をトップに分隊士が人事から厚生までの庶務を行ない、人数の多い分隊はさらに班という細かい編制単位を構成する。各班の長は班長で、曹クラスが任にあたる。護衛艦の搭乗員たちは入港中も航海中も艦内で様々な作業を行なう。その際に着用するのが作業服装や特殊服装である。

戦闘服装

水上艦艇乗員が戦闘時や甲板上での危険な作業時などに着用する特殊服装で、作業服の上にカポック(救命胴衣)を着用。88式鉄帽を被り、短靴1型を履いている。短靴を履くのは海中で簡単に脱げるようにするため。救命胴衣は炭酸ガスで浮き袋を膨らませる膨張式ではなく、内部に浮力体となる発砲プラスチックなどの固形物が充填されている固形式。イラストの救命胴衣は新型で、従来の胴衣に比べて薄く体により密着するスマートなものになっている。また国際貢献での海外派遣や外国の軍隊と共同で演習や任務を行なう機会が多くなっているためか、左胸に日の丸とJAPANの文字が入ったタグが付けられている。ちなみに「カポック」は第二次大戦中に使用された救命胴衣の名称の名残で、アオイ科の落葉高木カポックの実から取れる撥水性の高い繊維を浮力材として使用していたことに由来する。海自で使用されている救命胴衣はヘルメットと同色のグレーで、夜間に海へ落ちたときなどに発見されやすいよう両胸部分に反射材が付けられている。なお、戦闘服装に男女の違いはない。

イラストでは描かれていないが、救命胴衣に付属する標準装備品にホイッスルがある。声よりも高音で大きな音の出るホイッスルは音の聞き取りにくい甲板上での作業の指示に使用されるほか、海に落下した際に救助してもらうための重要なサバイバル用具となる。

戦闘服装(海曹士用)▶

❶88式鉄帽(鉄帽の下には海曹士用のⓐ作業帽を被っている。海曹士用作業帽はベースボールキャップに似た形状で正面に帽章が付いている。作業帽のほかに識別帽を被ることもある)、❷海曹士用第一種作業服上着、❸後左ヒップポケットに入れた手ぬぐい(手ぬぐいは汗拭きや三角巾、よじってロープの代用にするなど様々な用途がある)、❹短靴1型(黒革製。水に浸かってもひもが固くなったり、水を吸って重くなったりしない素材が使われている)、❺靴下(ズボンの裾は邪魔にならないよう靴下の中に入れる)、❻救命胴衣が海中でズレ上がらないようにするためのストラップ、❼救命胴衣

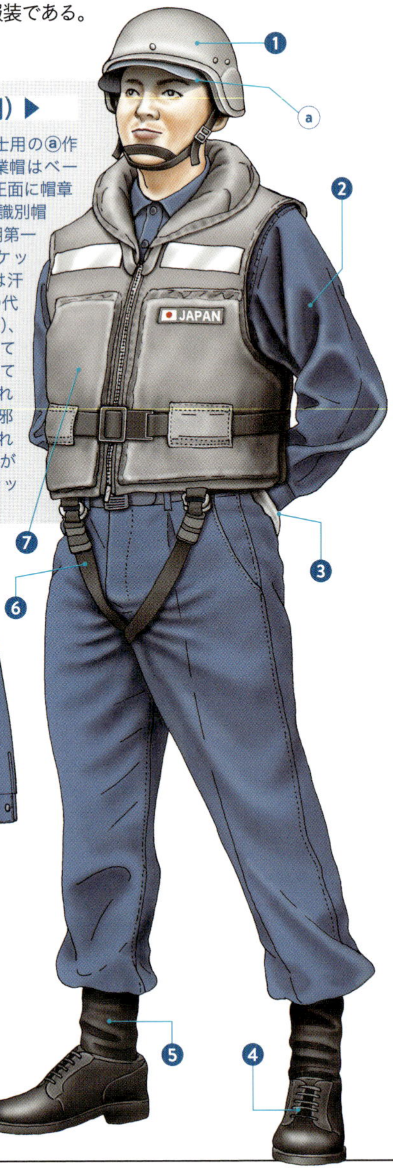

海曹士第一種作業服▶

ズボン後ろ身頃のヒップ部両側にボタン留め式のヒップポケットが付いている

海上自衛隊の作業服装上下

作業服装は艦上や陸上で訓練や作業を行なう際に着用する服装で、通常の勤務時にも必要な場合は着用する。第一種および第二種作業服上着(第一種は長袖のワイシャツ型、第二種は半袖開襟シャツ型)、作業服ズボン、作業帽または略帽、編上靴、短靴または作業靴、乙階級章で構成されており、女性用と男性用がある(合わせが逆になっているだけで、襟型やポケットなどの基本デザインは共通だが、女性用は体の凹凸に合わせた裁断や縫製が施されている)。また幹部用と海曹士用では服のデザイン自体は共通だが、服の色が異なる。作業服および作業帽は幹部が紺色、海曹士は濃青色で区別され、ひと目で識別できる。

作業服は夏季以外に使用する第一種がポリエステル100%のやや厚手の生地を使った上着とズボン、夏季用の第二種が麻とテトロン混紡の薄手の生地の上下になっている。作業服ズボンは布製の作業服ベルト(バックルはプラスチック製)で腰に固定するが、ベルトも作業服と同色で幹部と海曹士は区別されている。ズボンはウエストバンド部分にアジャスター(アジャスターベルトとストッパーを組み合わせたスライド式)が付いていて、体型に合わせてある程度ウエスト部分を調節できる。

幹部用第一種作業服▶

❶ショルダーストラップに乙階級章を付ける、❷フラップ付きパッチポケット、❸乙階級章、❹ストッパー、❺アジャスターベルト、❻前身頃部、❼固定フック、❽前合わせはジップフロント、❾タック、❿フォワードポケット、⓫ボタン留め、⓬ウエストバンド

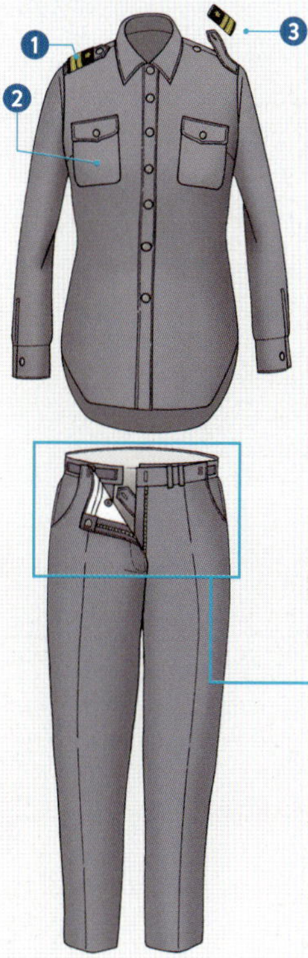

右のイラストは幹部用の第一種作業服装と作業帽を着用した海自女性幹部(一等海尉)。作業服装は航海中の自衛艦では原則として全員が着用する。冬用と夏用があり、前者は軽く即乾性の高いポリエステルを、後者は吸湿性が高い綿とポリエステルの混紡製。作業服装上着の下には白の肌着を着用することが定められている。また作業服装ズボンの後ろ身頃部、右ヒップポケットには手袋、左ヒップポケットには手ぬぐいを入れ、落下防止のためにベルトで挟む。作業服装には幹部用の紺色のものと海曹士用の濃青色のものがあり、階級や性別により細部のデザインが異なっている。作業服装ではショルダーストラップに乙階級章(黒色の筒状の布地に幹部、海曹士の階級を刺繍したもの)を装着する。
ⓐ幹部用作業帽(旧海軍の戦闘帽に似た形状)、ⓑ艦名、役職、姓名を刺繍したタグ(幹部用は黒地にオレンジ色の糸で縁取りと文字が刺繍されている)、ⓒ海自安全靴

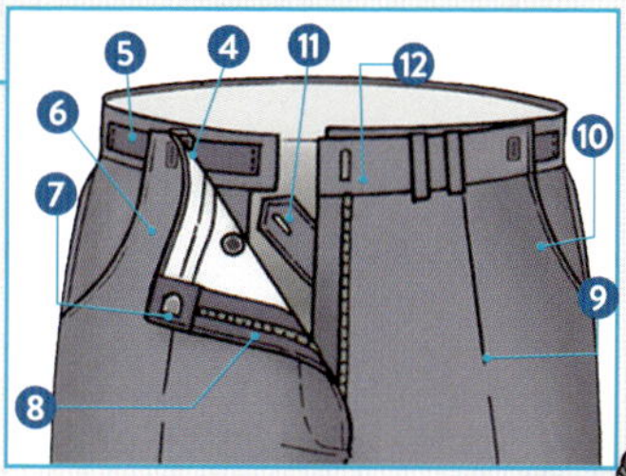

海上自衛隊の特殊服装と各種徽章

海上自衛隊には様々な任務に応じた特殊服装があるが、ここでは昨今の国際情勢を反映した立入検査服装と、護衛艦を守るために欠かせない消防服装（消火作業用個人装備）を見てみよう。

［右］2012年より配備が始まった海上自衛隊独自の迷彩服。ブルーを基調にしたデジタルドットパターンで、アメリカ海軍の作業服のように小さな錨マークがパターンの中に散りばめられている。

◀消火作業用個人装備

❶消火用ヘルメット（フェイスシールドが付いている。ヘルメットの右サイドに装着しているのはライト）、❷レギュレーター、❸空気圧ゲージ、❹酸素ボンベ固定ベルト、❺防火ブーツ、❻防火衣（上下分割のセパレート型ではなく、素早く着脱できるカバーオール型。素材にはアラミド繊維やPBO繊維などの複合繊維を使い、多層構造にすることで間に空間を設け耐火耐熱性を高めている）、❼酸素ボンベ背負いベルト、❽空気供給ホース、❾マスク（フルフェイス型の酸素マスクでレギュレーター部分は取り外し式。通話装置が内蔵されている）

［下］1999年に成立した周辺事態法により、海上自衛隊による一般船舶に対する海上阻止行動が可能となり、必要に応じて立入検査を行なうために編成されたのが立入検査隊である。立入検査隊は護衛艦ごとに編成されており、隊員は写真のような装備を身に付ける。強化プラスチック製ヘルメット、浮力機能付き防弾チョッキ、無線機、9mm拳銃など総重量は20kg以上に及ぶという。

▼浮力機能付き防弾チョッキ

上のイラストは、護衛艦内で火災が起きたときに消火作業にあたる隊員が着用する装備。行動中の護衛艦の艦内では乗員がそれぞれの配置についており、消火を専門とする乗員はほとんどいないので、緊急時に編成される消防団のような艦内組織（緊急部署配置）が消火にあたる。

(Photos：JMSDF)

海上自衛隊の各種徽章

◀水上艦艇徽章

船舶の運行あるいは機関に関する資格を有し，かつ潜水艦を除く護衛艦に4年以上の乗船経験を持つ海上自衛官が着用。銀色の徽章は海上幕僚長の定めた者が着用する。

◀潜水艦徽章

指定された潜水艦搭乗員の訓練過程を修了し、かつ潜水艦の乗船経歴が6か月および乗船経験が3年を超える海上自衛官が着用。銀色の徽章は海曹長以下が着用する。

◀潜水員徽章

潜水に関する教育訓練課程を修了した海上自衛官が着用。銀色は海曹長以下が着用する。

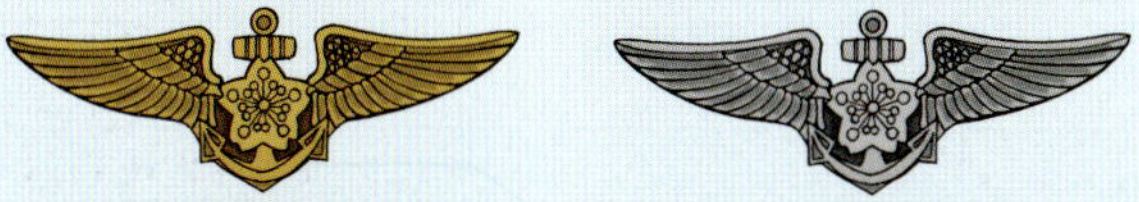

◀航空徽章

操縦士または航空士の航空従事者技能証明を有する海上自衛官が着用。金色は操縦士、銀色は航空士（航法を除く）が着用する。

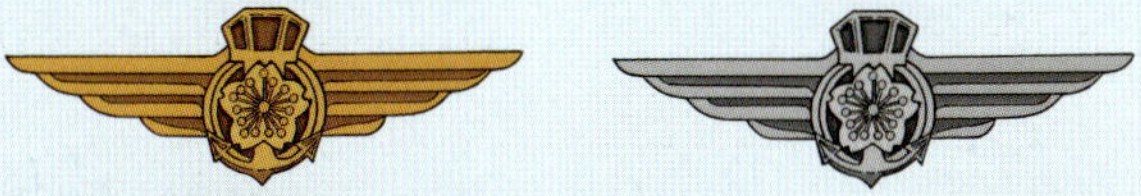

◀航空管制徽章

国土交通大臣の定める航空交通管制技能証明を有する海上自衛官が着用。銀色は海曹長以下が着用する。

◀航空医官徽章

航空医学の教育訓練を受け、航空身体検査などの実務経験を2年以上持つ海上自衛官の医師が着用する。

◀潜水医官徽章

潜水医学の教育訓練を受け、潜水員の健康診断等の2年以上の実務経験を持つ海上自衛官の医師が着用する。

▼先任伍長識別章

2003年に制定された海上自衛隊の先任伍長制度に基づいて定められた徽章。

〈海上自衛隊先任伍長〉〈自衛艦隊等先任伍長〉〈警衛海曹識別章〉

制服への徽章類の取り付け方▶

制服（勤務服）へは階級章および各種徽章、防衛記念章などを装着する。イラストは男性幹部用の常装冬服上着で、両腕に縞織の金色帯と金モール刺繍の桜章を付けている。制服の左胸には航空徽章などの資格を表す各種徽章、その下には防衛記念章をそれぞれ装着する。

▼水上艦艇徽章　▼航空医官徽章

左胸部の箱ポケットの上には、水上艦艇徽章や航空医官徽章など特定の技能を有することを示す徽章を装着。

▼第12号防衛記念章　▼第14号防衛記念章

防衛記念章は、自衛官が職務遂行上の功績での表彰や経歴や補職を記念して制服に着用するもの。左胸部の箱ポケット上に取り付ける。技能などを示す徽章も着用する場合は、徽章を防衛記念章の上に付ける。

桜章

金刺繍製徽章

制服ボタン

錨マークを打ち出した金属製金ボタン

海洋権益の拡大を目指す中国の野心の尖兵

中国人民解放軍海軍

中国共産党の指導下におかれた人民解放軍の海軍部門を担うのが人民解放軍海軍だ。1980年代から外洋型海軍*を目指し、近年では周辺諸国に多大な影響を及ぼすようになっている。人民解放軍の他の軍と同様に2007年から将兵の制服や階級章なども一新されている。特に海軍では、人民解放軍共通デザインの制服がありながらリーファージャケットやセーラー服を取り入れるなど、英米の海軍を強く意識しているようだ。

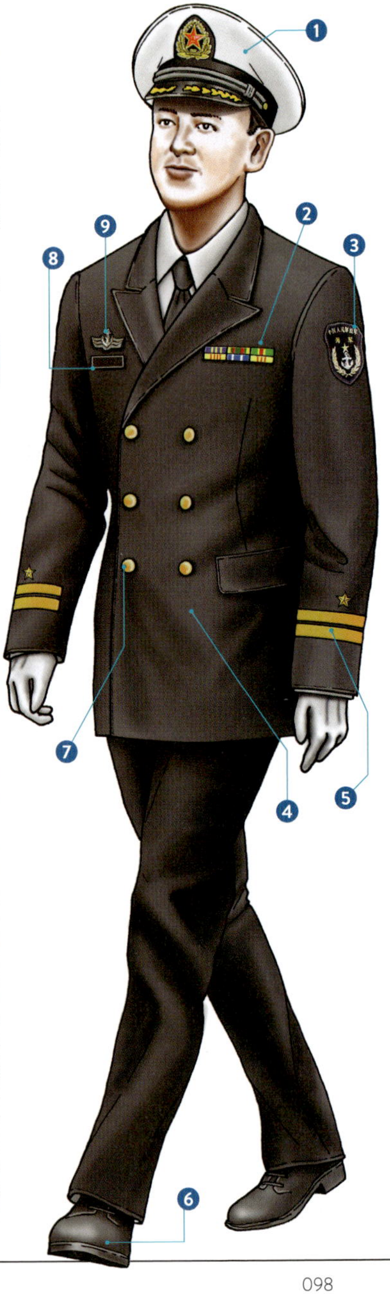

人民解放軍海軍　軍官の制服

イラストは人民解放軍海軍の軍官(将校のこと)で、フリゲート搭乗員の上尉。軍官用の正帽を被り、2007年に制定された海軍の軍官用の常装冬服(秋冬用勤務服)を着用している。

❶軍官用制帽(軍官用の制帽のひさし部分には葉をデザインした刺繍が入る。顎ひもは組ひも製。色は大校以下がグレー、将官は金。制帽の徽章は人民解放軍のもので陸海空共通)、❷略綬、❸海軍パッチ、❹冬服(色はほとんど黒に近いダークブルーの上下。上着はピークドラペルの襟が付いたダブルブレステッド式のジャケット。いわゆるリーファージャケットで、胸からポケットのフラップにかけてシームが入り、腰部のポケットはフラップ付きのスリットポケットになっている。スラックスはジップフロント式。夏季は上着なしのシャツと白いスラックスを着用、黒いタイと軟章を装着する。白いジャケットとスラックスという組み合せもあり、パレード服とされているが夏季用勤務服として使用されることもあるようだ。白服上下のデザインは3軍共通)、❺袖章、❻黒革短靴、❼金ボタン(錨マークの押し形の付いた金属製ボタン)、❽ネームプレート、❾海軍徽章

写真はアメリカ海軍艦艇を訪問した中国海軍の将兵。全員が夏服を着用している。①軍官で白いシャツとスラックスにタイを着用。少校の肩章を装着している。②は士官で四級士官の階級章を装着している(士官の制服は軍官と同じ)。③は上等兵。兵士と呼ばれる階級(上等兵および水兵)はセーラー服を着用する。着用しているのは常装夏服で白のセーラー服の上下。上着の下にはボーダーシャツを着ている。他国の海軍ではセーラー服に装着する階級章は腕章だが、セーラー服にショルダーストラップが付き、それに略章のように階級章を通しているところが興味深い。将兵が装着している階級章は2009年の改定以前のもの。よく見ると軍官のみが肩章(軟章)だ。

＊外洋型海軍＝基地の支援なしに一定期間洋上で作戦行動が可能な海軍。

アメリカからの賓客を迎えた空母「遼寧(りょうねい)」の艦内。冬服を着用した儀仗隊が出迎えている。左奥に見えるのは J-15艦上戦闘機か。

人民解放軍の階級章
(海軍:2009年改定以降)

人民解放軍では将校を軍官、下士官を士官、兵を兵士といっている。2009年に士官現役階級制度の改正にともなって階級自体が改定されており、それまで六級士官〜一級士官まで6階級としていたが7階級にし、高級士官、中級士官、初級士官という3つのグレードに分類した(2009年以前の階級章は人民解放軍陸軍の項参照)。

士官と兵は志願制(法律上は徴兵制が敷かれている)で、士官に対しては任期に応じた服役制度(階級に応じて現役でいられる年限を定めていた)が適用されて、これまでは第1期(一級士官)と第2期は各3年、第3および第4期は各4年、第5期は5年、第6期は6年と定められていた。しかし、士官の現役希望者が多いことから現役服役年限を改正し、初級士官は最高6年、中級士官が最高8年、高級士官は14年以上の現役服役が可能になった。この改正により士官の階級章は1つ増え、一級軍士長〜四級軍士長、上士〜下士までの7階級を士官とし、高級士官以下の階級章のデザインも新しくしている。この改正により海軍の中核を担う士官の数を一定数確保することも可能になった。

イラストは2009年以降の階級章。地色が黒のものは軟章で、軍官および士官は常装夏服に、兵士は常装夏服、常装冬服に装着する。軍官は常装冬服には袖章を装着する。

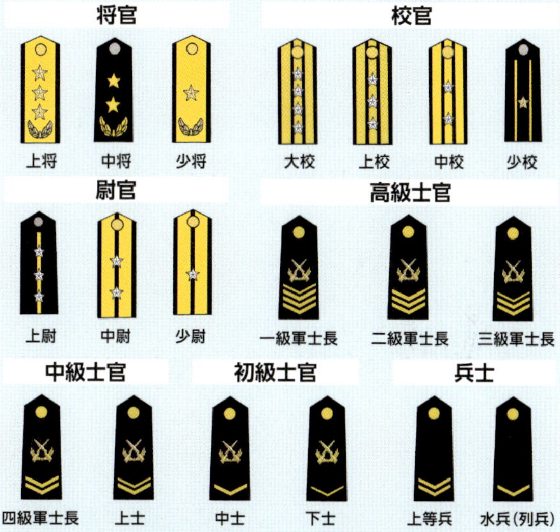

台地が金色の階級章は礼装用(硬章)で、軍官以上が装着する。デザインは全軍共通だが、台地の色は陸軍がパイングリーン、空軍がダークブルーと異なっている。

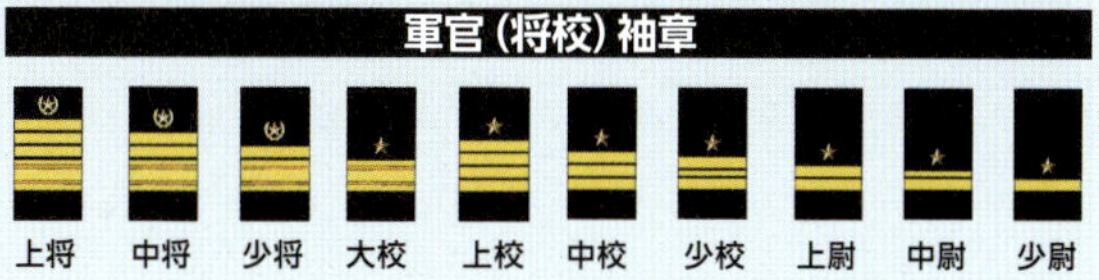

The MILITARY UNIFORMS of the World

“AIR FORCES”

第3章

空軍

人類が空を飛べるようになって、わずか一世紀ほどだが、
航空機の急激な発達は「空軍」という新たな軍種を誕生させた。
軍隊としての歴史は若い空軍だが、現代の戦争において
必要不可欠な存在となっていることは誰も否定できないだろう。
空軍の軍装の大きな特徴は、陸海軍にはない空を飛ぶための
様々な装備が含まれていることだ。
本章では、各国空軍のユニフォームを詳解しよう。

世界で最も長い歴史を誇る国王の空軍

イギリス空軍

　1918年創設という世界で最も長い歴史を持つのがイギリス空軍だ。歴史があるというだけでなく、第二次大戦時の*バトル・オブ・ブリテンを始めとするいくつもの戦いに勝利し、現在に至るという伝統を持つ。そのためか制服も伝統を継承するデザインである。

　イギリス空軍の勤務服には、ブルーグレイのジャケットとスラックスを組み合わせたNo.1サービスドレス、ジャケットの代わりに同色のセーターを着用するNo.2サービスドレス（フル）、上着を着用せず上体が長袖あるいは半袖ワイシャツだけのNo.2AおよびB、ブルーのシャツを着用するNo.2C、そしてNo.3の迷彩戦闘服がある。またNo.1サービスドレスは、ネクタイを黒の蝶ネクタイに変えることで通常礼装のNo.4として使用されている。

　なお、イギリス空軍のジェット機に搭乗するパイロットや兵装管制官の飛行装備は、個性的ではあるが、非常に合理的に作られているのが特徴だ。

イギリス空軍の階級章と徽章

将官、将校、下士官・兵では制帽の徽章が異なる。

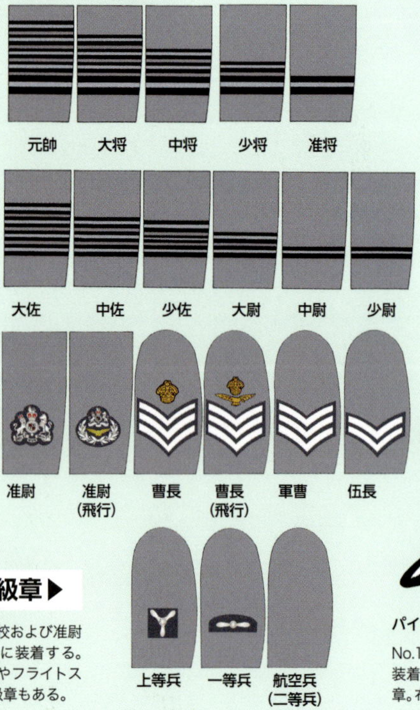

パイロット徽章（ウイングマーク）

No.1サービスドレス（制服）の左胸に装着し、装着者の資格を示す各種徽章。布製台地に刺繍を施したもの。

イギリス空軍の階級章▶

右はイギリス空軍の階級章で、将校および准尉は制服の両袖、下士官・兵は両腕に装着する。また将校および准尉には作業服やフライトスーツなどに装着する肩章型の階級章もある。

＊バトル・オブ・ブリテン＝ドイツ空軍との間で戦われたイギリス本土防空戦。

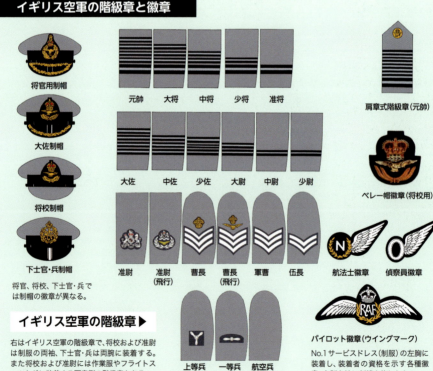

No.1サービスドレス

下のイラストはパレード用にNo.1サービスドレスを着用した将校(左)と兵(右)。No.1ドレスは階級章の取り付け方に違いはあるが、服の形状は将校用と下士官・兵用も似たようなデザインになっている。大きな違いは上着両腰部分のポケットの形状で、将校用はフラップ付きの袋ポケット、下士官・兵用はフラップ付きスリットポケットになっている。またサービスドレスの下には将校、下士官・兵ともにワイシャツと濃いグレーのタイを着用する。通常は将校、下士官・兵ともに布製ウエストベルトを装着するが、パレード用では将校はサーベルを佩剣するための飾りベルト、下士官・兵は白の革製ベルトを装着する。

No.1サービスドレスのデザインは第二次大戦当時とほとんど変わっていないが、上着の前合わせの4個の金ボタンのうち、一番下のボタンの位置が変化している。大戦中の勤務服では4個の金ボタンすべてが空軍のマークを打ち抜いた金属ボタンで、一番下の金ボタンは布製ウエストベルトの下に隠れるように配置されていた。現在の服では金ボタンが3個しか見えず、一番下のボタンはウエストベルトの下に移動している。見える3個の金ボタンは空軍のマークを打ち抜いた金属ボタンだが、ウエストベルトの下で見えないボタンは表面が平らな金属製になっている。

ちなみに将校用のNo.1サービスドレスは1947～1951年の間に限りデザインが変更されている。先に説明したボタンの位置と両腰部のフラップ付き袋ポケットがスリット式になっていたが、不評だったことから元のポケットの形状に戻され現在に至っている。サービスドレスの生地はウールあるいはウールと化繊の混紡が使用されており、総裏地になっている。

上の写真はイギリス空軍の女性パイロット。地上勤務に就いているため黒ベレー帽にOCP(マルチカムに似た迷彩)の迷彩戦闘服の上下を着用している。上着の左胸には刺繍布製のパイロット徽章、前合わせ部にはパイロットオフィサー(少尉に相当)の階級章、右胸にROYAL AIR FORCEの文字の入ったタグを装着。履いているのは通常のデザートブーツだ。

イギリス空軍では勤務時に着用する服としてDPMパターンの迷彩戦闘服(コンバットソルジャー95あるいはNo.3サービスドレス)が認定されていたが、ISAFでアフガニスタンに派遣されるようになると、陸軍と同じように現地で勤務に就く兵士用の迷彩戦闘服としてOCPを2012年に採用している。

▼将校用No.1サービスドレス

▼下士官・兵用No.1サービスドレス

第二次大戦～現代までの戦闘装備

「バトルドレス（戦闘服）」という名称は、より戦闘に適した新型制服を模索していたイギリス陸軍によって1930年代に作られたもので、最初の戦闘専用服が37型戦闘服だった。その37型をベースに開発されたのがイギリス空軍の戦闘服で、作業服兼勤務服として採用された。航空機搭乗員はこの戦闘服（ブルーグレイと呼ばれた）の上に飛行装具を着用して飛行機に搭乗した。

《1941年型》　《1933年型》

◀フライトグローブ

イギリス空軍の標準的なフライトグローブで、手首内側部分に着脱用ファスナーが付いていた。外側はアービンジャケットと同様の牛革製、内側はフリースでライニングしてあった。

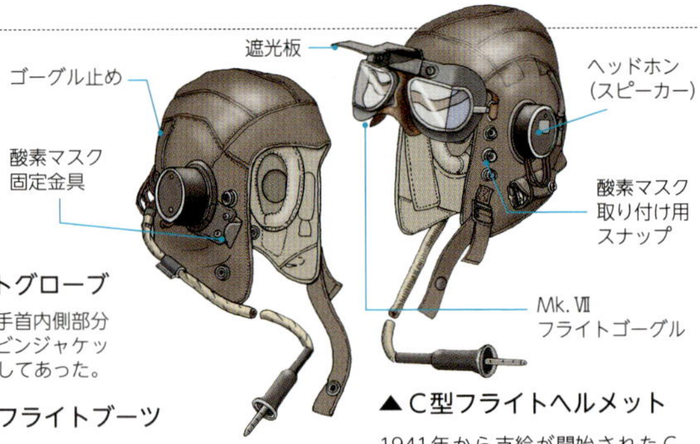

▲C型フライトヘルメット

1941年から支給が開始されたC型フライトヘルメット。ダークブラウンに染めたヤギの革製。

◀フライトブーツ

外側がスエード、内側がフリースの飛行用ブーツで、靴底との接合部周囲に革を張って強化してあった。イギリス空軍の航空機搭乗員達が使用した標準的なデザインの飛行用ブーツのひとつ。

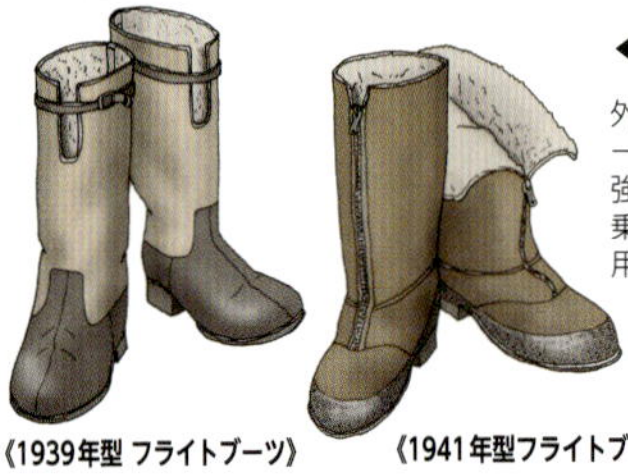

《1939年型 フライトブーツ》　《1941年型フライトブーツ》

▲アービンジャケット

イギリス空軍のパイロットたちが愛用した革製ジャケット。表には牛革、裏地にはシープスキンが使用されていた。イラストは防寒用にさらに保温用の電熱線を内蔵したタイプで、裾から出ているのはそのコードソケット。

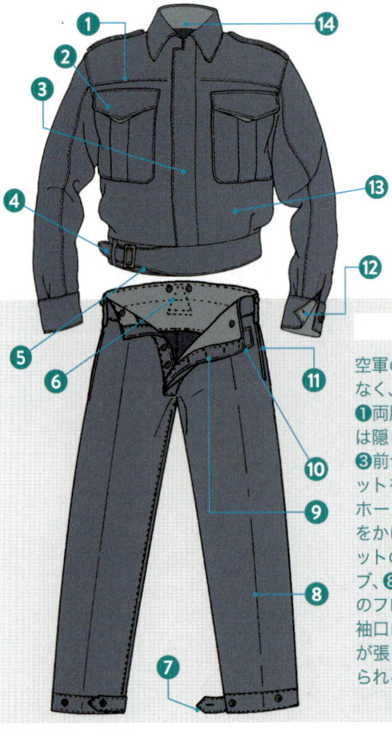

◀ブルーグレイ

空軍のブルーグレイは陸軍の37型戦闘服によく似たデザインだが、色だけでなく、細かい部分に違いが見られる。

❶両胸部分にシームが入っている、❷フラップ付きパッチポケット（フラップは隠しボタン式。ポケットは容量が大きくなるようにプリーツが付いている）、❸前合わせは隠しボタン式で5つのボタンが付いている、❹裾部分にジャケットをウエストに密着させるためのベルトが付く、❺背側の裾口にはボタンホールが2か所開けられており、トラウザースのウエストベルト部のボタンをかけることで上着と一体化できる、❻サスペンダー取り付けボタン（ジャケットのウエストベルト部のボタンホールにかけることもできる）、❼裾留めタブ、❽トラウザースの生地はウールデニム、❾ボタンフライ（隠しボタン留めのフロント部）、❿フラップ付きスリットポケット、⓫フォワードポケット、⓬袖口はボタン留め式、⓭生地はウールデニム（襟、袖口、裾口に補強用の生地が張られているが服に裏地は付いていない）、⓮襟は第1ボタンを外しても着られるステンカラー（襟の喉元はカギホックで閉じられるようになっている）

◀戦闘機パイロットの装備

❶Mk.VIIゴーグルを付けたC型フライトヘルメット（大戦中期から後半に最も多用された革製のフライトヘルメット）、❷E型酸素マスク、❸1941型ライフプリザーバー（救命胴衣）、❹アービンジャケット、❺戦闘服（ブルーグレイ）、❻1939型フライトブーツ、❼フライトグローブ

イラストは第二次世界大戦時のイギリス空軍の戦闘機パイロット。1943年頃のヨーロッパ戦線における戦闘機搭乗時の一般的な姿である。戦闘機パイロットたちの中には、大戦初期からバトル・オブ・ブリテンが終了した1941年頃まではサービスドレス（勤務服）の上にパラシュートなどの飛行装具を装着して飛行勤務を行なっている者もいたが、大戦中期以降の飛行勤務では丈が短く動きやすいブルーグレイが着用されるようになった。
1943年は、西部戦線では7月にアメリカ・イギリス連合軍がシチリア島へ上陸を開始。東部戦線ではほぼ同時期にクルスクの戦いが始まり、8月にはソ連軍が勝利するなど、戦局が大きく転換し始めた年だった。イギリス空軍ではアメリカ陸軍航空隊と連合した戦略爆撃体制を整え、ドイツの軍事、経済、産業を崩壊させるべく戦略爆撃が本格化していく時期であった。

ジェット戦闘機搭乗員の装備

イギリス空軍は有名だが、その戦闘／攻撃機パイロットの飛行装備となるとあまり馴染みがないのではないだろうか。装備に求められる機能は各国共通だが、その形態はそれぞれのお国柄が表れていて特徴的だ。イギリス空軍の装備は、見慣れている自衛隊やアメリカ軍のものに比べると非常に個性的である。

トーネード搭乗員飛行装備 ▶

イラストはイギリス空軍攻撃機の中核をなすトーネードGR.4に搭乗するパイロットおよび兵装管制官が着用する現用の飛行装備。酸素マスクや耐Gスーツのホース、マイク／ヘッドセットのコードプラグを装着一体化して射出シートの横に取り付けるための個人装備コネクターPEC（イギリスでは昔からこの方法を使っている）、サイドに酸素供給用ホースを付けた酸素マスク（最近のアメリカ軍の酸素マスクもこの方式になっている）など非常に特徴的である。

❶Mk.10bヘルメット（ケブラー製フライトヘルメット。P/Q酸素マスクと組み合わせて使用される）、❷Mk.31サバイバルジャケット（戦闘攻撃機搭乗員用）、❸サバイバルジャケット腕部調節ベルト（袖の長さを調節し、射出座席での緊急脱出時に怪我をしないように腕部を固定する拘束具を装着する）、❹酸素マスクホース接続部、❺PEC（個人装備コネクター）、❻ガーターベルト、❼フライトブーツ（丈夫な革製で安全靴のように爪先部分に保護用の鉄板が入っている。多くのパイロットは靴にぴったりフィットするように厚手の靴下を履くという）、❽フライトスーツNo.14A/B（高耐熱性のメタ系アラミド繊維ノーメックスで作られたスーツで、吸湿性がほとんどないが繊維の折り方を工夫することで通気性を高めてある。Aは3シーズン用、Bは冬用）、❾耐GスーツMk.6（現在イギリス空軍で使用されている最も一般的な耐Gスーツ、5気嚢式と呼ばれる構造のもの）

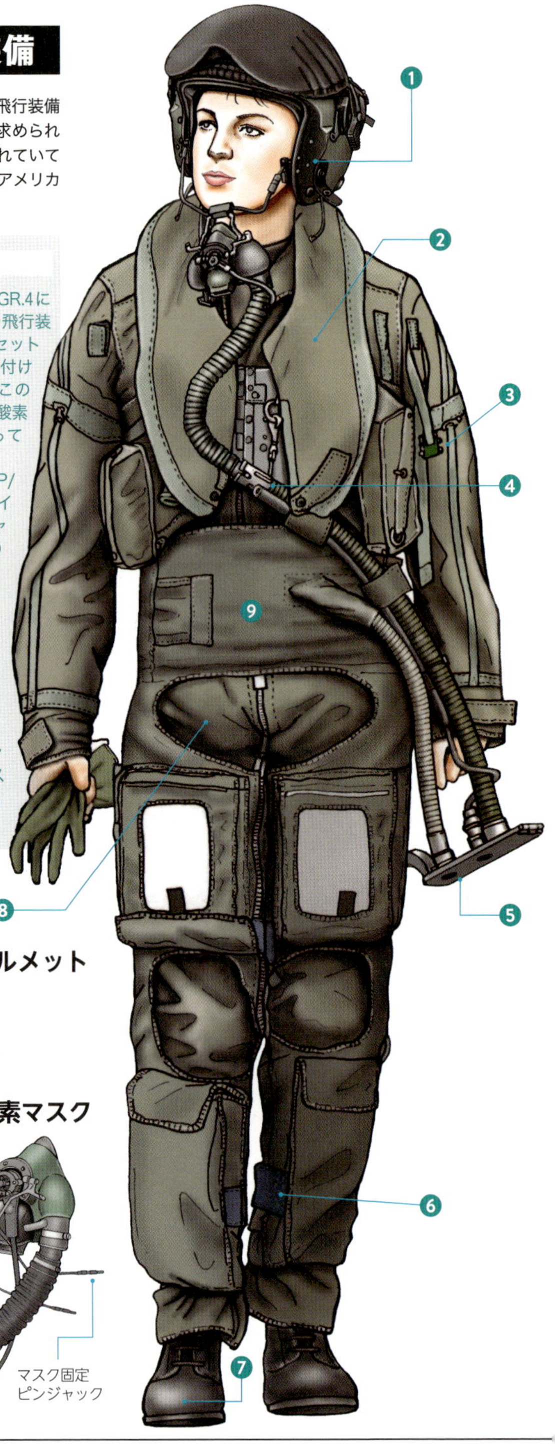

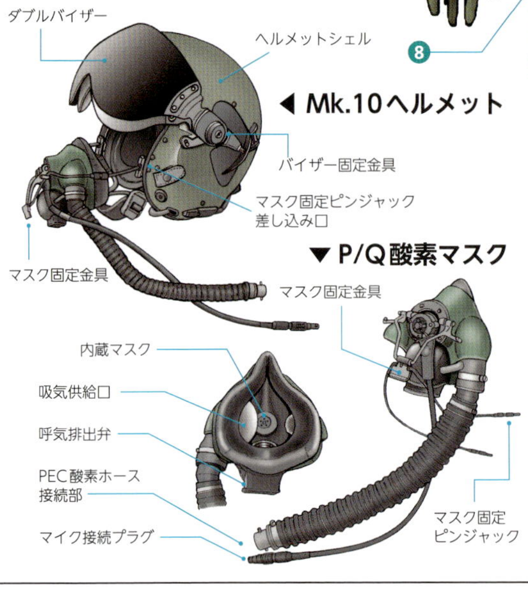

◀ Mk.10ヘルメット

▼ P/Q酸素マスク

ユーロファイター搭乗員の装備

ユーロファイタータイフーン戦闘機は2003年に運用が開始されて以来、ドイツ、イギリス、イタリアなど6か国の空軍で使用されているマルチロールファイター(戦闘攻撃機)だ。それに搭乗するパイロット用飛行装備は、基本的にどこの国も共通である。

ユーロファイター戦闘機パイロット▶

右のイラストはイギリス空軍のパイロットで、ユーロファイター専用に開発されたストライカーヘルメットではなく、通常のイギリス空軍ジェット戦闘機パイロット用のMk.10Bヘルメットを被っている。

❶Mk.10Bヘルメット、❷P/Q酸素マスク、❸ユーロファイターライフセービングベスト(ⓐライフプリザーバーとサバイバルツールを収納するⓑ大型ポケットが付く。また酸素マスクホースと個人装備コネクターの間をつなぐⓒ接続用ホースがベストに固定されている。ちなみにイギリス空軍とドイツ空軍ではベストへの固定位置が異なる。ベストの袖部分はメッシュ地になっており、射出座席による緊急脱出時に怪我をしないように自動的に腕を引っ張り固定するⓓ金具とⓔひもが付く。サバイバルツールにはファーストエイドキット、信号弾発射器、笛、ナイフ、発火具、ストロボライト、サバイバルラジオなどが収納されている)、❹PEC(個人装備コネクター)、❺フライトブーツ、❻耐Gスーツ(耐G能力を向上させることができる進化型の耐GスーツEAG。内部に収納されている気嚢が一体化されており、従来の5気嚢型に較べて効率よく下半身を締めることができる。さらにブーツの下に履く耐Gソックスと組み合わせることで、より効率が高められるようになっている。両膝部分には地図や書類を入れるⓕポケットが付いている。また下肢にスーツをフィットさせるための調節部のⓖファスナーが正面に付いているのも特徴的)、❼イマージョンプロテクトガーメント(パイロットが冷たい海上でも緊急時に躊躇せず機から脱出し、生存できるように作られた完全防水で保温機能を持つフライトスーツ)

第5世代戦闘機 F-35パイロットの装備

F-35は高いステルス性と空中における高度な情報収集能力を持ち、ネットワークを介して組織的な戦闘力を発揮できるといわれる第5世代戦闘機だ。開発の遅延やコスト上昇など不安要素を抱えていたものの、2011年にはアメリカ空軍にF-35A（基本型）の納入が開始され、2015年にはアメリカ海兵隊のF-35B（短距離離陸／垂直着陸型）が初期作戦能力を獲得したといわれる。開発パートナーとして導入を予定している国は8か国ほどあるが、そのうちのひとつイギリスではF-35Bを空軍、海軍合わせて10機ほどを獲得している。日本の防衛省もF-35Aを選定し、42機の調達を予定している。

最近のジェット戦闘機では、パイロットの肉体そのものが機体の性能限界を決定する大きな要素になってしまう。いくら飛行性能が高い機体でも、人体の限界以上の性能を引き出すことはできないわけだ。そこで第4.5世代戦闘機に相当するユーロファイタータイフーンや第5世代のF-22やF-35といった機体では、専用のパイロット用飛行装備を開発し、少しでも人体の限界を引き上げることに努めている。

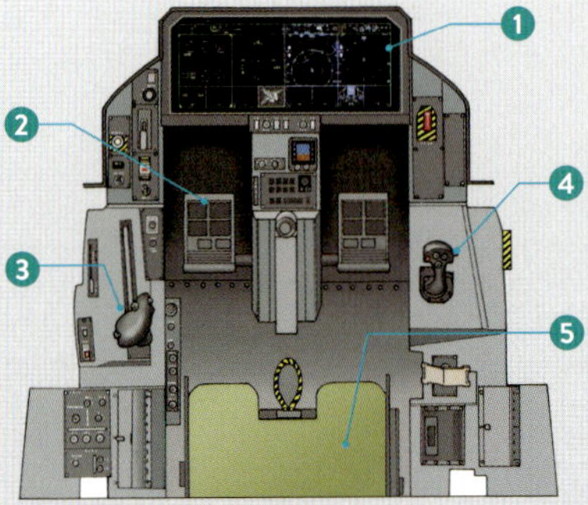

◀ F-35のコクピット

現在最も先進的なコクピットを装備しているのがF-35。計器パネルに大型カラー液晶ディスプレイが導入され、パイロットが必要とするあらゆる情報を表示できる。ディスプレイはタッチスクリーンになっているので、メニューに触れるだけで情報を選択でき、表示される画像は入れ替えが可能。またヘルメットに組み込まれたディスプレイ装置によりバイザーに必要な情報が投影できる。情報はパイロットが頭を向けた方向に投影されるため、HUD（ヘッドアップディスプレイ）が廃止されている。ディスプレイやバイザーに投影される情報は操縦桿やスロットルのスイッチにより選択する。

❶大型カラー液晶ディスプレイ（タッチパネル機能付き）、❷フットペダル、❸スロットル（*HOTAS機能付き）、❹操縦桿（可動式サイドスティック）、❺エジェクションシート

アメリカ海軍のF-35C。従来ならコンソールの上部にあるHUDがなくなっているのがわかる。

＊HOTAS＝操縦桿やスロットルに様々なスイッチを配置して、手を離さずに操作できること。

F-35パイロット
(イギリス空軍ウイング・コマンダー)

イラストはイギリス空軍仕様のF-35パイロットの装備。といっても装備自体はF-35を運用する(予定)の国で共通である。
1 F-35ライトニングⅡ用HMD機能付きヘルメット(ディスプレイ機能を組み込んであっても重量は1.5kg程度だという。イラストは最新のF-35用ヘルメットで、画像生成装置が組み込まれている部分の形状や細部が初期のヘルメットと異なっている。バイザーが二重構造になっているが、内側は画像生成装置の画像を投影するバイザー、外側は保護用のバイザー)、2 ライフセービングベスト(近年のボディアーマーやタクティカルベストで一般的になっているa ウエビングテープを縫い付けてあり、b ライフプリザーバーやサバイバルツールを収納するc 多目的ポーチが取り付けられる)、3 耐Gスーツ(5気嚢式の耐Gスーツ。これを着用するパイロットは9Gまでの荷重に15秒間ほど耐えられる。両太腿部分にはマップケースが付いている。装備カタログによると、9G以上でより長く耐G能力を維持できる全気嚢式の進化型Gスーツも使用される予定だという)、4 フライトブーツ、5 個人装備コネクター(酸素マスクへのd 酸素供給用ホース。ヘルメット内蔵のヘッドセットや酸素マスク内蔵のe マイクのコード、耐Gスーツを膨張させるためのf 空気供給用ホースがひとまとめにされ、機体に搭乗したときエジェクションシートに設置されたコネクター接続部に取り付けるだけで機能するようになっている)、6 フライトスーツ(高耐熱性のメタ系アラミド繊維で作られており、数十秒間だが約370℃の高熱に耐えることができる。これによりパイロットが機体から脱出する時間を稼ぐ)、7 酸素マスク

▼F-35用ヘルメット(初期型)

F-35のパイロットの使用するヘルメットには設計段階からHMDS(ヘルメット搭載型ディスプレイシステム)の導入が考慮されていたことが特筆される。ヘルメットにディスプレイ装置(情報を投射するためにLEDやコンデンサーレンズで構成された画像生成装置と特殊なコーティングを施した投影用の画像投影装置で構成されたシステム)が組み込まれている。これにより機体の各種センサー、電子機器類が取得した情報を統合してバイザーで見ることができる。また*オフボアサイト照準能力や夜間飛行の際に赤外線追跡装置の映像を映し出せる。

*オフボアサイト照準＝自機の正面から大きくそれた位置の敵機への照準のこと。

イギリス空軍と並ぶ歴史と伝統を持つ空軍

ドイツ空軍

1910年に創設された帝国陸軍航空隊に始まるドイツ空軍は、第一次、第二次世界大戦で善戦し、何人ものエースパイロットを輩出している。第二次大戦の敗戦、東西分割、再統一という国家体制の激変のたびに再編を繰り返して、現在はドイツ連邦共和国空軍*（連邦空軍）となっている。

[右] ドイツ連邦空軍の制服を着用した大尉。大尉の襟章と階級肩章を装着している。このブルーの制服上下は将校、下士官・兵共通で、男女では合わせやデザインが若干異なっている（色は違うがデザインは陸軍と同じ）。右胸には職種徽章を装着している。

[左] 佐官以上の制帽の鍔には、柏葉を組み合わせた刺繍模様が付いている。写真は少佐。

第二次大戦中のドイツ空軍の服装は、通常軍装、飛行ブラウス、夏季制服、オーバーコート、夜会服、ケープ、航空装備の7つに分類されていた。イラストは通常軍装を着用した空軍大佐。通常軍装はブルーグレイの上下でデザインは基本的に将兵共通だが、将校はギャバジン製、下士官・兵はウールとレーヨンの混紡製と材質に違いがあり、当然見栄えが違った。上着は開襟、シングルブレステッドの前合わせ、4個の銀ボタン、4個のフラップ付きパッチポケットが付いたジャケット。上部の襟に将校は銀、将官は金、下士官・兵は兵科色の縁取りが付けられていた。上着には階級を示す襟章と階級肩章を付けた（襟章の台地と階級肩章の縁取りの色は兵科を示す）。左胸下には資格徽章。イラストでは航空機操縦資格の取得者を示すパイロット徽章を付けている。

▼ドイツ空軍の制服

▼空挺徽章

▼パイロット徽章

ドイツ連邦空軍の階級章（戦闘服用略称）

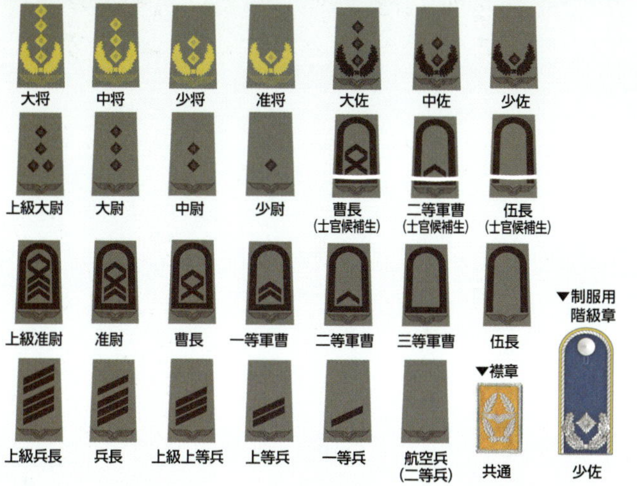

ドイツ国防軍空軍の階級章（1935～1945年）

＊空軍＝第二次大戦時にはドイツ国防軍の空軍、現在はドイツ連邦軍の空軍である。

ドイツ連邦空軍パイロット

2016年時点でドイツ連邦空軍では主力戦闘機としてユーロファイタータイフーンを保有しており、その総数は約150機。マルチロールファイターとして6か国の空軍で運用される同機のパイロット用装備は基本的に共通しているが、細かな部分が異なり、使用するヘルメットや酸素マスクの接続法などにそれぞれの国の特徴が表れている。

HGU-55/Pヘルメット着用のパイロット▶

右のイラストはドイツ空軍のユーロファイタータイフーンのパイロット。ユーロファイタータイフーン用のストライカーヘルメットではなく、HGU-55/Pヘルメットを着用している。ドイツ連邦空軍では2004年からユーロファイタータイフーンの運用を開始した。
❶HGU-55/Pヘルメット、❷MBU-20酸素マスク(耐Gシステム ACSが付いている)、❸ユーロファイターライフセービングベスト、❹耐Gスーツ、❺フライトブーツ、❻個人装備コネクター

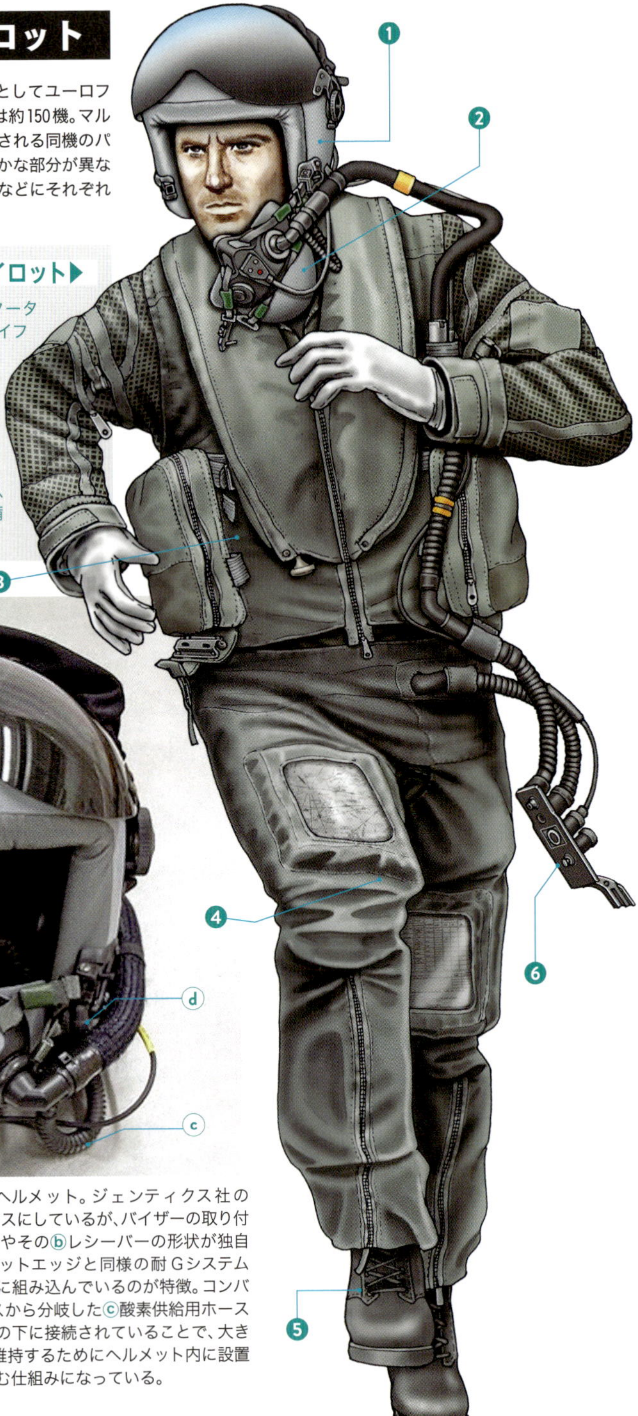

[上] ユーロファイターパイロットの現用ヘルメット。ジェンティクス社のHGU/55Pコンバットエッジヘルメットをベースにしているが、バイザーの取り付け方式や酸素マスクを固定するⓐバヨネットやそのⓑレシーバーの形状が独自のものになっている。アメリカ空軍のコンバットエッジと同様の耐Gシステム ACS(エアコンバットシステム)をヘルメットに組み込んでいるのが特徴。コンバットエッジと異なるのは、酸素マスクのホースから分岐したⓒ酸素供給用ホースがヘルメットの左側ⓓバヨネットレシーバーの下に接続されていることで、大きな荷重がかかった時、そこから脳内の血流を維持するためにヘルメット内に設置された気嚢を膨張させるために酸素が流れ込む仕組みになっている。

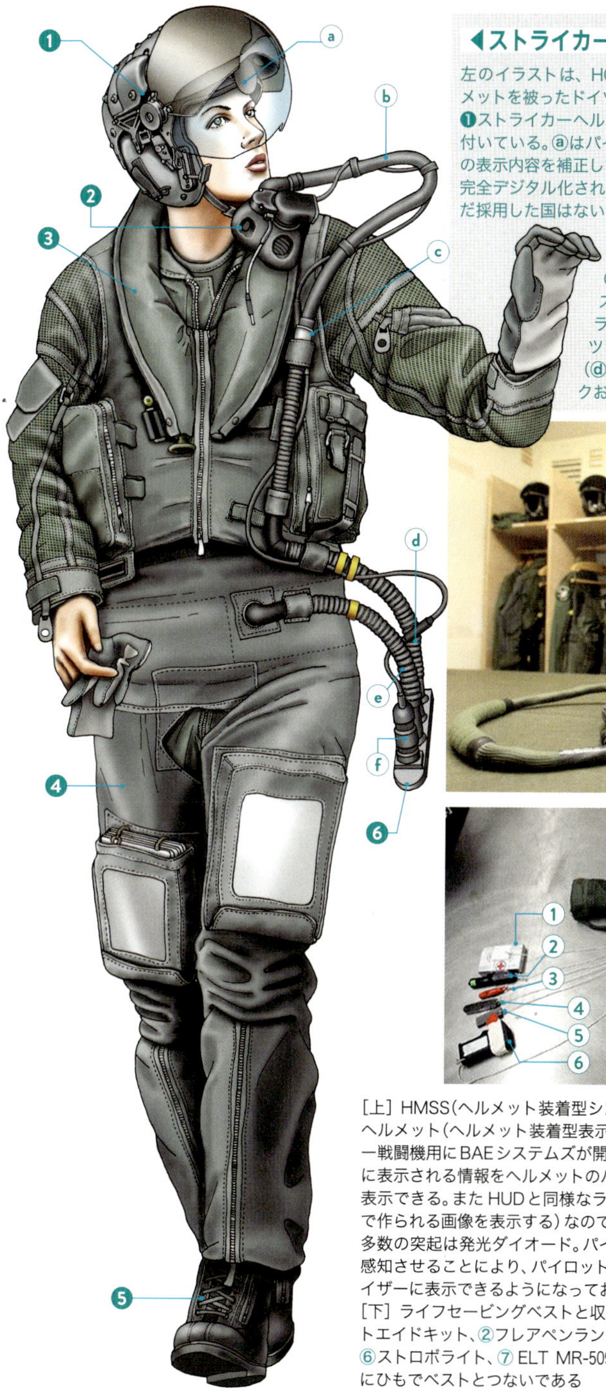

◀ストライカーヘルメット着用のパイロット

左のイラストは、HGU-55/Pヘルメットに替わるストライカーヘルメットを被ったドイツ空軍の女性パイロット。
❶ストライカーヘルメット(ヘルメット装着型表示システムの機能が付いている。ⓐはパイロットの視野が広くなるように、画像投影装置の表示内容を補正してバイザーに投影するためのレンズ。2014年には完全デジタル化されたストライカーIIヘルメットが開発されたが、まだ採用した国はないようだ)、❷酸素マスク(ACSは付いていない。酸素マスクのⓑホースが左横方向に伸びてからⓒベスト部に固定されているのは、高機動で高いGがかかった際にマスクが下方に引っ張られてズレることを防止するため)、❸ユーロファイターライフセービングベスト、❹耐Gスーツ(耐GスーツEAG)、❺フライトブーツ、❻個人装備コネクター(ⓓ酸素マスク用分管、ⓔ耐Gスーツ用分管、ⓕマイクおよびヘッドセット用コード接続部)

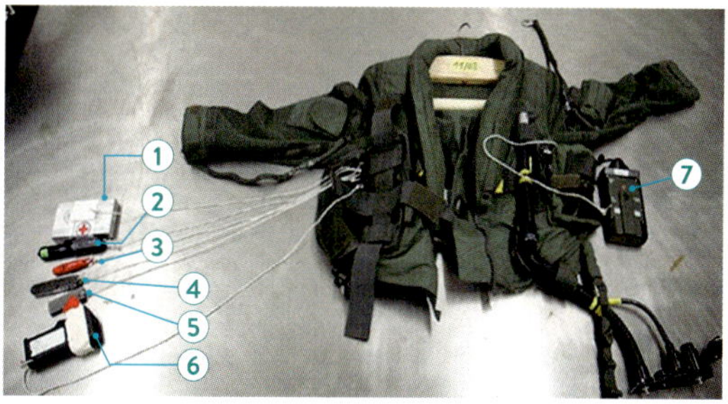

[上] HMSS(ヘルメット装着型シンボリックシステム)を組み込んだストライカーヘルメット(ヘルメット装着型表示システムと同様な機能を持つ)。ユーロファイター戦闘機用にBAEシステムズが開発したもので、HUD(ヘッドアップディスプレイ)に表示される情報をヘルメットのバイザー部(パイロットの向いている方向)に投影表示できる。またHUDと同様なラスタスキャン方式(テレビのように多数の平行線で作られる画像を表示する)なので、赤外線画像の表示も可能。ヘルメット後頭部の多数の突起は発光ダイオード。パイロットの頭の動きをコクピット内のセンサーに感知させることにより、パイロットの向いている方向を基準(正面)として情報がバイザーに表示できるようになっており、オフボアサイト照準機能も付与されている。
[下] ライフセービングベストと収納されている各種サバイバルツール。①ファーストエイドキット、②フレアペンランチャー(信号弾発射器)、③笛、④ナイフ、⑤発火具、⑥ストロボライト、⑦ ELT MR-509サバイバルラジオ。各ツールは紛失しないようにひもでベストとつないである

世界中を航空攻撃できる世界最大の空軍

アメリカ空軍

アメリカ空軍は１９４７年に陸軍から独立した軍組織で、陸軍や海軍に比べると歴史は新しい。現在では１つあるいは複数の航空軍で構成される10個の軍団を組織、それらの傘下に７０００機以上もの航空機を保有する。兵員数は現役約30万人、予備役約７万人という世界最大の空軍である。また単に航空作戦のみならず、ＧＰＳ衛星や早期警戒衛星などを運用、宇宙空間においても作戦を行なっている。

保有する兵器も各種航空機から弾道ミサイル、ロケットと多様である。兵士の服や装備も様々で、迷彩戦闘服ＡＢＵを始め独自のものが使用されているが、一方で機能面とコストの観点からか、一部のパイロット装備などは陸海軍と共通のものが採用されている。

写真はアメリカ空軍の少将。制服の左胸には箱ポケットが付き、その上に略綬、パイロットバッジなどの各種徽章を装着する。箱ポケットの下（略綬の下）に付けているのは空軍本部のバッジで、本部スタッフなどの任務に従事している者が装着する。空軍の制服はエアホースブルーのジャケットとスラックス、制帽、黒革の短靴の組み合わせで、ジャケットの下には白のワイシャツと黒のタイを付ける。ジャケットはノッチドラペルのシングルブレステッド、左胸に箱ポケット、両腰部分にフラップ付きスリットポケットがある。また将校は両腕に黒の飾り帯を付け、ショルダーストラップに階級章を装着する（下士官・兵は腕に階級章を付ける）。制帽の鍔に銀の飾刺繍が入るのは少佐以上で、将官は刺繍が大きい。

アメリカ空軍の階級章

アメリカ空軍では1986年に准尉の階級が廃止されている。

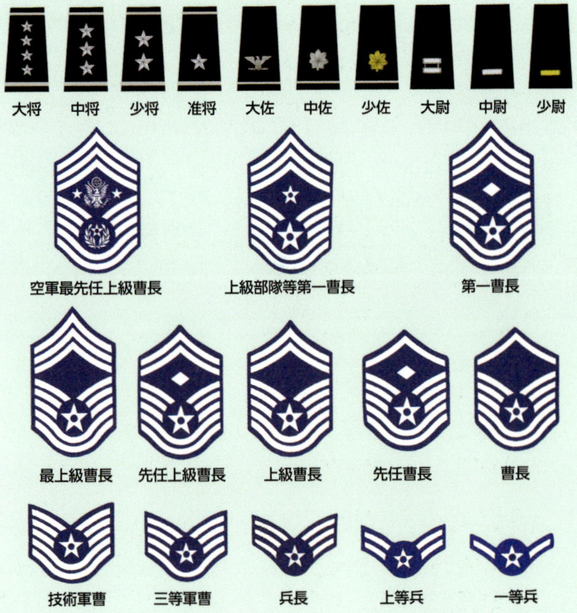

アメリカ空軍の治安部隊（セキュリティフォース）の女性兵士。左腕には空軍上等兵の階級章を付けている。着用しているのは2007年から採用されているデジタルタイガーパターンの迷彩戦闘服 ABU（エアマンバトルユニフォーム）。ABUの上に装着しているプレートキャリアーやポーチ類も ABUの柄になっている。治安部隊は空軍の憲兵隊と治安維持部隊が統合されたもので、空軍基地の警察業務から基地警備、暴動鎮圧などの任務までをこなす。

アメリカ空軍の各種徽章

シニアおよびマスターは基準の飛行時間や技術を持つ者に授与される

パイロットバッジ（空軍操縦士資格章）

航空機搭乗員バッジ（将校）

シニアパイロットバッジ

航空軍医バッジ

マスターパイロットバッジ

マスター航空軍医バッジ

航法士・戦闘システム士官バッジ

リモートコントロール機操縦士バッジ

航空機搭乗員バッジ（下士官／兵）

エアバトルマネージャーバッジ

（*AWACSや*JSTARSなどに搭乗しシステムを操作する将校）

法務官

爆弾処理資格バッジ

（爆破物処理の訓練を受け、一定の技術水準を満たす者）

宇宙飛行士バッジ

センサーオペレーターバッジ

（*ロードマスターや航空機関士などの各種ミッションスペシャリスト）

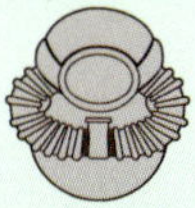

スキューバダイバーバッジ

（潜水士の資格を有する者）

パラシュート降下資格章

（パラシュート降下訓練を受け、一定の技術水準を満たす者）

フリーフォールパラシュート降下資格章

サイバースペースオペレーターバッジ

（サイバー戦のオペレーター）

オペレーションサポートバッジ

コマンドおよびコントロールバッジ

ウェポンディレクターバッジ

（航空機への情報提供や管制により航空作戦の支援任務に従事する者）

インテリジェンスバッジ

（情報担当官）

パラレスキューバッジ

（パラシュート救助隊員資格章）

気象予報官バッジ

航空管制官バッジ

フォースプロテクションバッジ

（空軍治安部隊）

ミサイル要員バッジ

CCTコントローラーバッジ

（戦闘管制官資格章）

補給および燃料担当官バッジ

メンテナンスおよび物流担当官バッジ

交通担当官バッジ

広報担当官バッジ

物流管理官バッジ

＊AWACS＝空中警戒管制機。 ＊JSTARS＝空中警戒管制機の対地上版。 ＊ロードマスター＝貨物の搭載要員。

パイロットの能力を極限まで引き出す飛行装備

空軍にも様々な職種があるが、やはり各種の航空機を飛ばすパイロットが花形だろう。アメリカ空軍のパイロットたちが装着する飛行装具は、彼らが過酷な環境で任務に集中し、そして生き残れるように工夫されている。

▼ CV-22オスプレイ搭乗員の装備

[右] 空軍の第1特殊作戦群第8特殊作戦飛行隊のCV-22のパイロット。この飛行隊はCV-22で敵地内へ侵入して特殊部隊員の潜入／脱出の支援や、資材の輸送を担当する部隊。CV-22はヘリコプターのように運用されるため、パイロットの着用する装備もヘリ搭乗員のそれとほぼ同じ。着用しているフライトスーツはOCP迷彩の戦闘服のような❶ IABDU(エアクルー用戦闘服)、ベストはイーグル社製の❷ AFK防炎モジュラー装甲キャリアーベスト。
[左上] HGU-55/Pヘルメットと MBU-20/P酸素マスクを付けたパイロット。ⓐは高いGがかかったときヘルメットへ空気を送って内部を締め付けるためのホース。
[左下] F-16のパイロット。❶ CWU-27/Pフライトスーツの上に❷ PCU-15/Pパラシュートハーネス、❸ LPU-9/Pライフプリザーバー、❹ AIR ACEサバイバルベストと❺ CSU-23/P耐Gスーツを装着している。AIR ACEはアメリカ空軍のジェット戦闘機パイロットが使用するサバイバルベスト。ポーチ類を任務や好みに応じて付け替えられるようにスナップトラックという装着システムが使われている(ⓐはそのレール部分)。CSU-23/P耐Gスーツは、F-22のパイロットが使用しているものと同じフルカバレッジ型の耐Gスーツで、F-16やF-15のパイロットも使用するようになった。

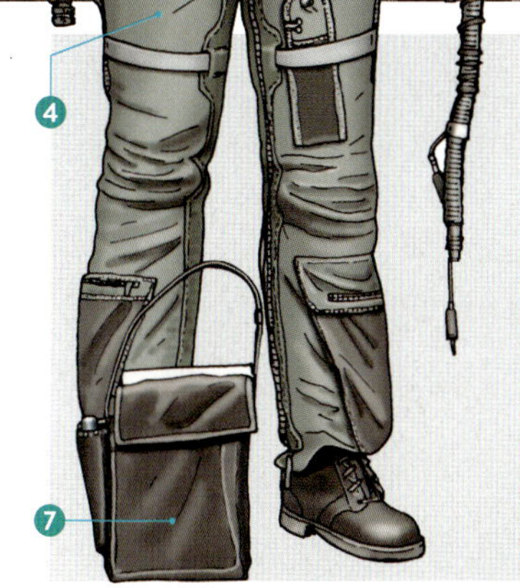

◀ F-22ラプター戦闘機パイロット

1990年代初頭から、高機動時のパイロットの耐G能力を向上させるためにアメリカ空軍で導入されたのがコンバットエッジだ。耐G機能を持つヘルメット、耐Gベスト、耐Gスーツおよび各装備に空気を送るためのレギュレーターで構成されていた。F-22では高機動時のパイロットの耐G能力をより向上させるために、コンバットエッジの経験が活かして専用の飛行装備を使用している。上の写真はF-22に搭乗しようとしているパイロット。左のイラストはF-22のパイロット装備。

❶LPU-9/Pライフプリザーバー、❷CSU-23/P ATAGSベスト(F-22専用の耐Gベスト。耐Gベストは内部に縫い込まれた気嚢に酸素を送り、胸部を圧迫することで血液の下半身への集中を阻止する。耐Gベストと耐Gスーツは分離しており、それぞれ似たような素材で作られている。両者の組み合わせにより瞬間的ながら最大10G近い加速度に耐えられるという)、❸PCU-15/Pハーネス(LPU-9/Pライフプリザーバーと組み合わせて使用する)、❹CSU-23/P ATAGS耐Gスーツ(酸素供給用ホースが右側に設置されており、上肢部と下肢部が一体化されたフルカバレッジ型の耐Gスーツであることが特徴)、❺HGU-86/Pヘルメット(JHMCSを取り付ける予定だったが磁気コートの問題からキャンセルされ、現在はHGU-55/Pが使われている)、❻MBU-20/P酸素マスク(空軍用のマスクでコンバットエッジの機能が組み込まれている)、❼データ転送カートリッジ

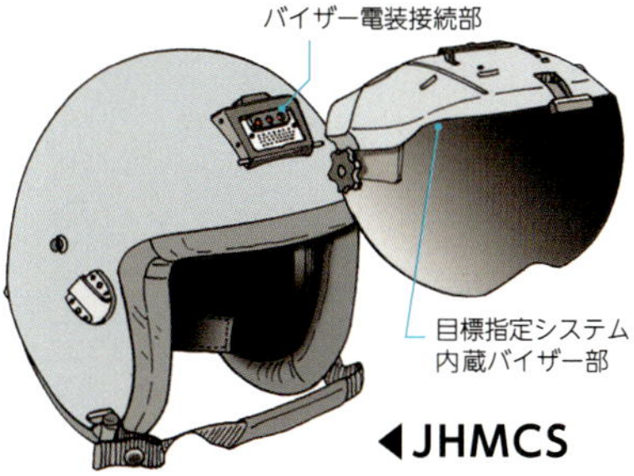

◀ JHMCS

右の写真はJHMCS(統合ヘルメット装着式目標指定システム)の改良型JHMCS IIを着用したF-15Eのパイロット。JHMCS IIではディスプレイがCRT(ブラウン管)から液晶に変更され、画像や表示がフルカラー化されている。また電子機器類の性能向上により部品点数が減って重量が軽減した。当然製造コストも減っている。

高高度で搭乗員を守る防寒装備の歴史

飛行機が主に飛行する対流圏や成層圏の下層部は、気温や気圧が大きく変化する過酷な環境だ。生身の人間では限られた高度までしか飛行することができない。たとえば標準大気*（ICAOの国際標準大気）では、対流圏の高度0mで15℃とすると高度1000mでは8.5℃、約1万mでは－50℃となる。つまり平均して100m上昇するごとに約0.65℃ずつ気温が下がっていくのだ。ただでさえ軍用機、特に戦闘機の搭乗員は疲労度が高いので、こうした環境下では身体を防護する装置や装備なしでは飛行作業は不可能だ。そこでアメリカ陸軍航空隊や空軍では防寒用のフライトジャケットの開発に努めてきた。

アメリカ陸／空軍歴代フライトジャケット

▼A-2

（第二次大戦中、アメリカ陸軍航空隊で使用した革製フライトジャケット。1988年に復活し、空軍で使用されている）

B-3S▶

（第二次大戦中、アメリカ陸軍航空隊の航空機搭乗員たちが使用したヘビーゾーン用の革製フライトジャケット。素材は羊革で裏地はムートン）

▼N-3B

（丈の長い極寒地用のナイロン製フライトジャケットで、N-3、-3A、-3Bがある。-3Bから地上用ユニフォームとなった）

▲N-2B

（－10～－30°のヘビーゾーン対応のナイロン製フライトジャケット）

B-15▶

（1944年に採用されたB-15は、15および15Aは表地がコットン製、15B～Dはナイロン製になった）

アメリカ陸軍航空隊爆撃機クルー装備▶

イラストはB-17爆撃機に搭乗したクルーの飛行装備。B-17の作戦高度は約7600mほどであり、大気温度が－30℃にもなった。そのため防寒用のジャケットやトラウザーズを着用した上に、敵の高射砲の破片から体を守るためのヘルメットとアーマーベストを装着するという重装備だった。
❶M3アンチフラックヘルメット、❷B-3フライトジャケット、❸A-6A飛行ブーツ、❹A-11オーバーズボン、❺M-6フライヤーズアーマーベスト、❻A-13A酸素マスク

＊ICAO＝国際民間航空機関。国連経済社会理事会を母体とする専門機関。

◀アメリカ空軍ジェット戦闘機パイロット装備（1950年代）

イラストは1950年代中頃のF-86セイバー戦闘機のパイロット装備。軍用機のジェット化が始まり、それに合わせたパイロットやクルーの装備が開発段階であり、レシプロ機用の装備と混在していた時代である。レシプロ機よりもはるかに高速で飛行するF-86では緊急脱出用に射出座席を備えていたが、現在のようにパラシュートをシートに内蔵しておらず、パイロットはパラシュートを装着して搭乗しなければならなかった。

❶B-10パラシュートおよびハーネス（パラシュートとハーネスが一体化された背負い式）、❷MA-1フライトジャケット（1950年代から30年以上にわたって改良を加えながら使用されたナイロン製ジャケット。イラストは初期のエアフォースブルーのもの）、❸P-1Aフライトヘルメット（アメリカ空軍で使用されたPシリーズのヘルメットの1つで、1940年代末から50年代に使用された、ヘルメットにバイザーが付いていないタイプ。酸素マスクもヘルメットのサイドに取り付けられたスナップで固定する方式だった）、❹MS22001酸素マスク、❺G-3A耐Gスーツ、❻K-2Bフライトスーツ（1950年代中期から使用され始めたオリーブグリーンのフライトスーツ。当時は難燃性素材などなかったため素材はコットンだった）、❼サバイバルナイフ、❽B-5 LPUライフプリザーバー

MA-1 ▶

（1950年代初頭に開発されたナイロン製フライトジャケットで、10～－10°のインターミディエートゾーン用。フライトジャケットの定番）

◀ L-2BS

（ナイロン製のライトゾーン用のフライトジャケット。L-2、-2A、-2Bがあり、朝鮮戦争から1970年代まで使用された）

▼ CWU-36/P

▼ CWU-45/P

（アメリカ全軍で使用しているフライトジャケット。難燃性素材ノーメックスが使用され、搭乗員の火災による被害を極力抑えるように作られている。-36/Pは薄手の夏季バージョン）

高い迎撃力を持つ日本の空軍

航空自衛隊

▶女性用常装冬服（幹部）

航空自衛隊の現在の勤務服である常装は、２００８年に大幅に変更が加えられたもの。冬服と第一種夏服などの色（表地の色）が濃紺色に変わった点が一番大きな変更点で、服のデザインも細部が変わっている。

航空自衛隊でも服装には常装（冬服、夏服第一種、第二種、第三種）、礼装（第一種礼装甲および乙、第二種礼装、通常礼装）、作業服装、甲武装、乙武装があり、これらの服には階級章や部隊章、職種徽章、技能保有者であることを示す徽章、防衛記念章などが取り付けられる。

航空自衛隊の制服と各種徽章

▼常装への階級章および各種徽章の取り付け方

幹部用甲階級章は両側のショルダーストラップ部分に装着する
部隊章は右胸ポケットの上に装着する
空曹士の精勤章は左袖口に装着
空曹長および空曹は甲階級章を、また幹部候補者も候補者徽章を両側の後ろ襟部分に装着する（通常、幹部候補者は空曹なのでイラストのように装着する）
職務または技能を証明するための徽章および防衛記念章は左胸ポケット上部に装着する
空士長および空士は左腕部分に甲階級章を装着する
准曹士先任識別章は左胸ポケットのプリーツ部分に装着する

※階級章、各種徽章の取り付け方は冬服上衣および第一種夏服上衣ともに同じ

◀航空自衛隊の常装

イラストは常装冬服を着用した女性幹部自衛官。冬服および夏服第一種は❶制服上下。上衣の下にはタイと❷ワイシャツを着用、❸短靴を履く。常装を着用する際には正帽あるいは❹略帽を被る。略帽はアメリカ空軍の略帽によく似た形状で男女共通だが、略帽の左側に付く刺繍製の帽章の大きさが男女で異なる。また幹部用の略帽には銀糸の縁取りが付いている。

上着は襟型がセミピークドラペルでシングルブレステッドのジャケット。取り外し式のショルダーストラップ、両胸にフラップ付きパッチポケット、両腰部分にフラップ付きスリットポケットが付いている。女性用は男性用と合わせが逆でウエスト部が絞られているが、服の基本デザインは男女共通。常装の表生地はウール100%またはウールとポリエステルの混紡でカシミアドスキン織りになっている。幹部用常装の上着袖部分には黒の飾り帯が付く。帯には将官用と1佐から3尉までの幹部用があり、帯の幅が異なる（将官用は幅が広い）。ちなみに女性の下衣にはスラックスとスカートがあるが、スカートの丈は裾が膝下にくるのが基準（膝が一部露出するのはよいが、イラストのように膝が完全に出るのは服装容儀基準で違反となる）。

＊濃紺色＝服の色は光の当たり方により非常に濃く見えたり、紫っぽく見えるときがある。

航空自衛隊部隊徽章

部隊章取り付け穴

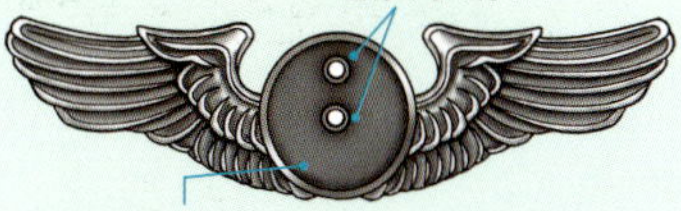

金属製翼形台座（裏面に装着用の針と留め具が付いている）

部隊章は金属と七宝焼を組み合わせたもの

航空自衛官の所属を示すのが部隊章で、常装の右胸ポケットの上に着用する。金属製の翼形台座の上にそれぞれの部隊章を取り付けてある。部隊章のデザインは航空総隊および航空方面隊、航空混成団は共通で下地の色が異なる。航空支援集団など他の部隊は独自のデザインになっている。

▲航空総隊

▲航空支援集団

▲北部航空方面隊

▲補給本部および補給所

▲中部航空方面隊

▲航空開発支援集団

▲西部航空方面隊

▲航空教育集団

▲南西航空混成隊

▲長官直轄部隊・機関および航空幕僚監部

職務または技能を証明するための徽章

▼航空徽章

《操縦士》

《航空士》

（操縦士または航空士の航空従事者技能証明を持つ航空自衛官が着用）

▼不発弾処理徽章

（不発弾処理の教育訓練を修了した者、もしくはその者と同等の技能を有する航空自衛官が着用）

▼航空管制徽章

（国土交通大臣の定める航空交通管制技能証明を有する航空自衛官が着用）

▼高射管制徽章

（地対空誘導弾の管制業務に従事する航空自衛官が着用）

▼武器管制徽章

（領空や周辺空域のレーダー監視など警戒管制の業務に従事する航空自衛官が着用）

▼航空医官徽章

（航空医学に関する教育訓練を修了し、航空身体検査および保健衛生の業務に2年以上従事した医官たる航空自衛官が着用）

アメリカ軍の影響を受けた航空服装

航空自衛隊の航空機搭乗員が航空機に搭乗する際に着用するのが航空服装で、航空服（フライトスーツ）、航空帽（ヘルメット）、航空靴（フライトブーツ）、航空手袋を基本として、搭乗する機体により各種装具類が付属する。

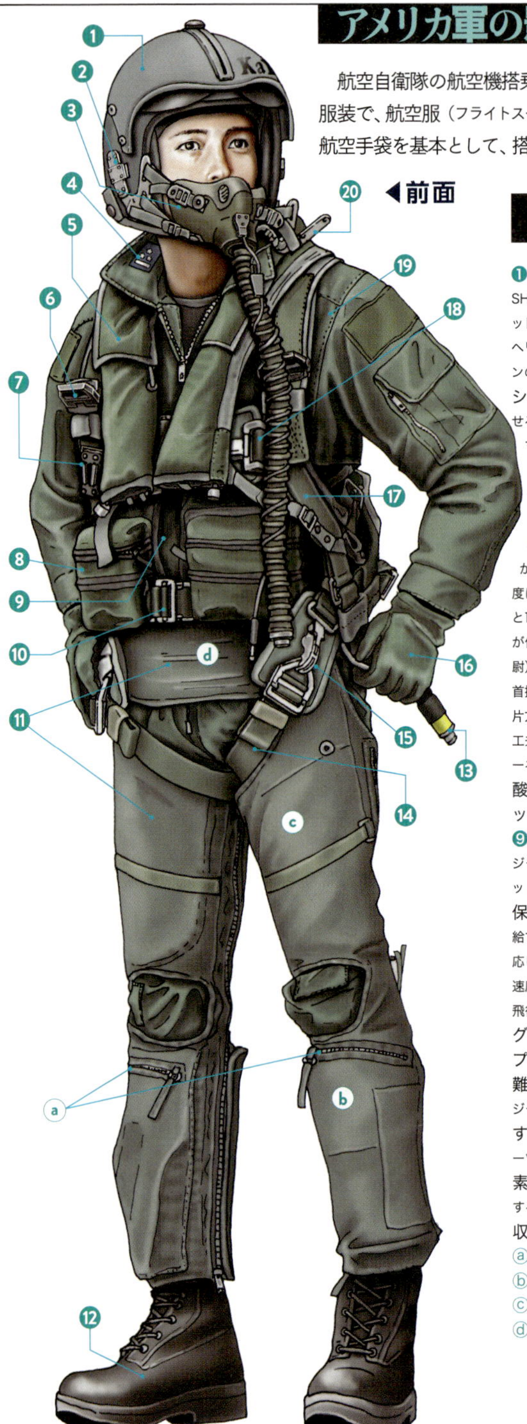

F－2パイロットの装備

❶FGH-2改ヘルメット（ヘルメットメーカーとして有名なSHOEI製。強化プラスチック製の帽体、ハウジング、バイザー、ヘッドセットなどで構成される。航空機搭乗員用ヘルメットは、戦闘機・練習機・ヘリコプターなどに共通。識別用にハウジング部分に自分のコールサインのレタリングを施しているパイロットが多い）、❷酸素マスクレシーバー（酸素マスクをヘルメットに装着して、着用者の顔に密着させる）、❸酸素マスクMO-15（着用者の吸気時のみ吸気弁が開いてマスク内部に酸素が流入し、呼気時には呼気弁のみが開いてマスク外部に呼気を排出する構造のデマンド型。このタイプの酸素マスクは呼吸に応じて酸素を十分に肺に供給できるうえ、酸素の浪費が少ないという利点を持つ。*酸素マスクを使用することで高度1万2000m程度までは高度3000mを飛行しているのと同程度の状態を保つことができる。戦闘機では通常、酸素供給装置のレギュレーターにより高度に応じて酸素と空気を混合して使用しているが、7000m以上になると100%の酸素を供給する必要がある。とはいえ酸素マスクにはマイクが付いているため、離陸時から着用している）、❹階級章略章（1等空尉）、❺救命胴衣LPU-T1改（襟状の収納部に炭酸ガスで膨張する首掛け式の浮袋の気室が収納されている。気室は二重構造になっており、片方の気室が不作動でも、もう片方で安定性と復元性が得られるように工夫されている）、❻キャノピーリリース（着用しているトルソハーネスと射出座席のパラシュートハーネスの金具を接続・固定する）❼酸素マスクホースコネクター固定金具、❽ポーチ型ポケット（トルソハーネスに付けられていてサバイバルツールなどを収納）、❾保命ジャケット（救命胴衣LPU-T1改とトルソハーネスおよびジャケット本体で構成されている。ジャケットには4つのポーチ型ポケットと背中部分に収納袋があり、救難・救命装備品を収納できる）、❿保命ジャケット固定金具、⓫耐G服JG-5A（圧縮空気を供給するためのプッシャーレギュレーターにより、機体にかかる加速度に応じた量の空気が耐G服に送られたり、抜かれたりする。これにより加速度による身体への影響を軽減する）、⓬フライトブーツ（革製の飛行用作業靴。航空靴とも呼ばれる）、⓭耐G服ホース、⓮レッグストラップ（トルソハーネスの構成部分）、⓯レッグストラップを固定するエジェクタースナップおよびVリング、⓰難燃性繊維を使用した航空手袋、⓱トルソハーネス（保命ジャケットに縫い込まれている）、⓲チェストストラップを固定するエジェクタースナップ、⓳航空服（耐G服はフライトスーツの上に装着する。航空服は難燃性の繊維が混紡されている）、⓴酸素マスクバヨネット（レシーバーに差し込んで酸素マスクを固定する金具）、㉑救命ジャケット後部のハーネス、㉒背中部の収納袋

ⓐ耐G服ポケット
ⓑ耐G服気嚢収納部（下肢部）
ⓒ耐G服気嚢収納部（大腿部）
ⓓ耐G服気嚢収納部（腹部）

＊**酸素マスクを使用**＝高度約3000mまでは低酸素症の症状が出ないが、それ以上の高度では酸素マスクが必要。

▼最新ヘルメットと酸素マスク

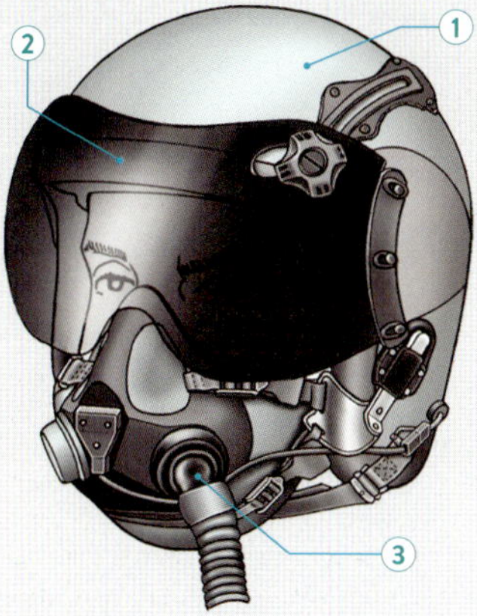

2013年から導入されたF-2 戦闘機パイロット用ヘルメットHGU-55P/Jは、高速飛行時の緊急脱出を考慮している。ファイバーグラスとケブラー繊維を使用した①帽体はアメリカ空軍のHGU-55/P、固定式バイザーハウジングを持つスライド式の②スモークレンズバイザーはアメリカ海軍の HGU-68/P をそれぞれベースとしているようだ。またHGU-55P/Jとともに導入された新型の酸素マスクはアメリカ空軍のMBU-20/Pをベースにしたもので、酸素供給ホースの③ジョイント部分を正面から横にずらして、高いGが加わったときの負荷を軽減するようになっている。ヘルメットには無線交信用のヘッドセットが内蔵され、両サイドには酸素マスクレシーバーが付く。1Gの状態で2kgの重さのヘルメットは、瞬間的でも8Gの加速度がかかれば16kgの重さとなって首の骨に負担をかけることになるから、ヘルメットやマスクなどは軽量化されていることが重要である。

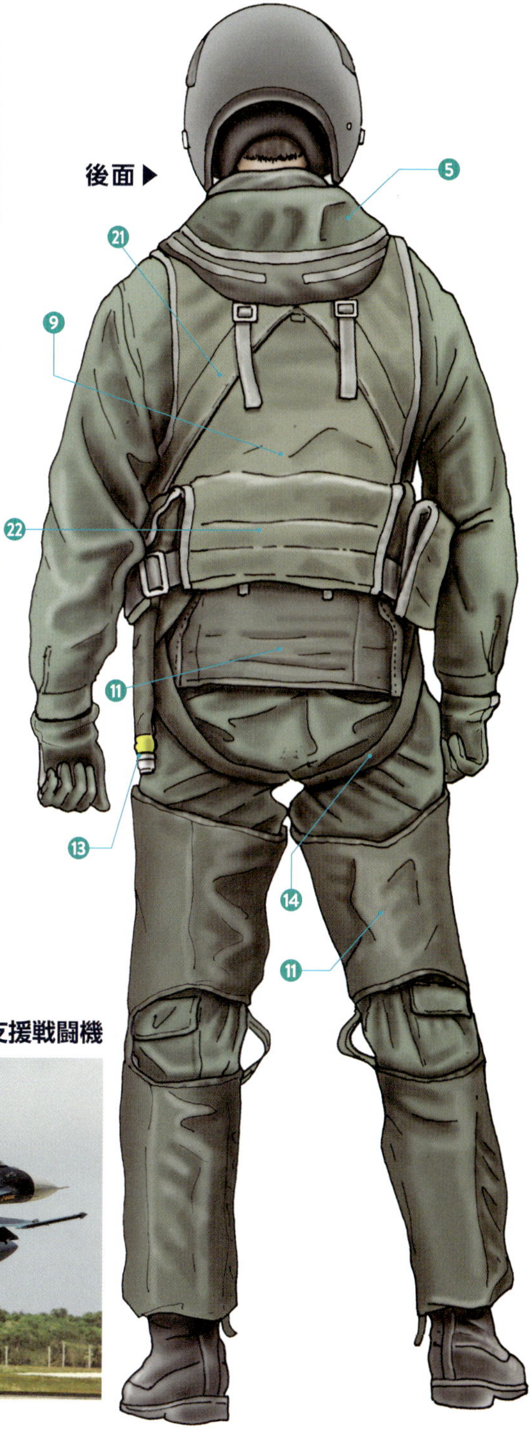

▼F-2支援戦闘機

ヘリ搭乗員の航空服装と迷彩服装

航空自衛隊ではUH-60J救難ヘリコプターやCH-47J輸送ヘリコプターを運用している。それらのヘリ搭乗員の装備は飛行服（フライトスーツ）と飛行靴（フライトブーツ）を着用した上に救命胴衣を付け、飛行帽（ヘルメット）を被るというシンプルなもの。戦闘機パイロットのような耐G服や酸素マスクの必要がなく、ヘリには戦闘機のような緊急脱出装置がないからだ。基本的にヘリコプター搭乗員の装備は共通である。

ヘリコプター搭乗員の装備

イラストはUH-60Jのパイロット(2016年夏の時点では航空自衛隊の救難ヘリの女性パイロットは存在していない)。
❶FGH-2改ヘルメット(ヘリでは酸素マスクを使用しない代わりにレシーバーにブームマイクを取り付けている)、❷酸素マスクレシーバー(酸素マスクは使用しないがヘルメットにレシーバーが付いている)、❸階級章略章(2等空尉)、❹救命胴衣手動展張用トグル(救命胴衣の浮き袋は着水時に自動的に展張するが、手動での展張もできる)、❺航空服、❻FWU-5/Pフライトブーツ(自費で購入したフライトブーツなども使用されている。緊急時に着脱しやすいものが好まれるようだ)、❼保命ジャケット固定用レッグストラップ、❽救難・救命装備品を収納した保命ジャケットのポケット(医療キット、包帯、発光信号弾、信号弾発射機とカートリッジ、サメ・フカよけなどのサバイバルツールを収納している)、❾航空手袋、❿保命ジャケット(ヘリ搭乗員専用でジャケット部に救命胴衣LPU-P1が取り付けられている。ジャケット部はメッシュ地が使用され軽量化が図られており、救難・救命装備品を収納するポーチ型ポケットがいくつも取り付けられている)、⓫酸素ボンベ(ヘリから緊急脱出する際には機体が着水するまで待つ必要があるが、一度着水したヘリコプターは極めて短時間で沈んでしまう。酸素ボンベを使用することで落ち着いて機体から脱出できる。ボンベの酸素供給は5分程度)、⓬ブームマイク
ⓐパッチ類張り付け用ベルクロ
ⓑ裾ポケット
ⓒ筆記用具固定バンド
ⓓペンポケット
ⓔ浮き袋収納部

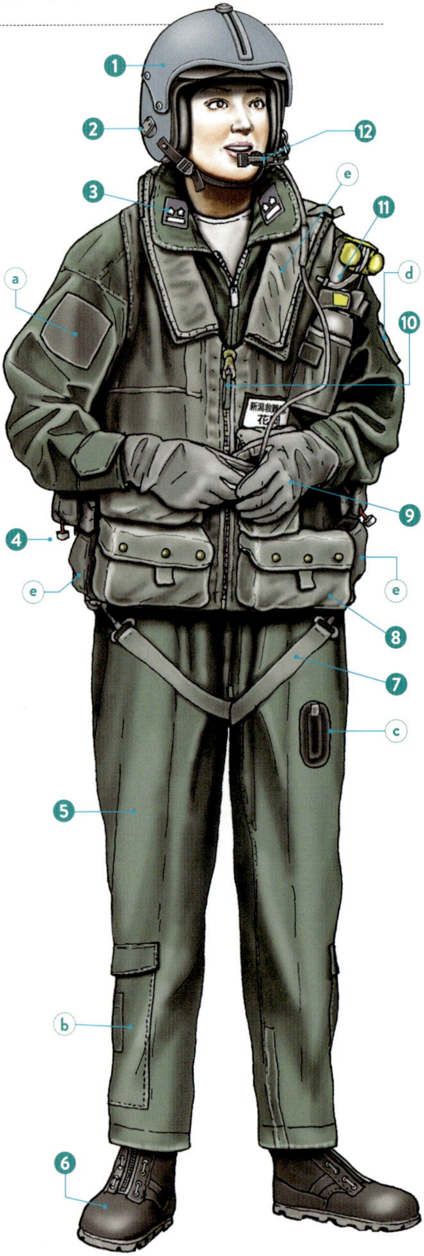

▼救命胴衣 LPU-P1

LPU-P1は襟部と胴体両側の浮き袋で構成されており、浮き袋は折りたたまれ収納袋に納められている。着用者が海水に浸かると海水センサーが感知して、自動的に炭酸ガスを浮き袋に充填して膨らませる。浮き袋は首周りと両脇部分の3つのパーツで構成されており、海水に浸かった着用者が上を向き、後頭部は可能なかぎり海水に浸からないように設計されている。

航空自衛隊といっても、搭乗員や整備士といった航空機に直接関係する職種だけではない。移動通信隊、高射部隊、移動警戒部隊などのほか、基地の管理や警備、隊員の食事や福利厚生、衛生業務を担当する地上部隊が存在する。当然、そうした部隊に所属する隊員の服装には低視認性が要求される。偽装を必要とする際に使用される服装を迷彩服装といい、航空自衛隊には独自の迷彩パターンを施した特殊服装がある。

◀デジタル迷彩作業服と防弾チョッキ3型

イラストは防弾チョッキ3型と新型デジタル迷彩の作業服を着用した航空自衛隊の警備隊員(敵ゲリラによる基地への攻撃や侵入を阻止するのが任務。こうした警備隊は諸外国の空軍に必ずある)。防弾チョッキ3型は2012年度予算で調達された第3世代のボディアーマー。防弾チョッキ2型に似たデザインになっているが、素材をより軽量で抗弾能力の高いものに替え、クイックリリースハンドルの位置やウエビングテープ(PALSテープ)の取り付け方など様々な改良が加えられている。陸上自衛隊から調達が開始されたが、2013年から航空自衛隊でも調達が始まった。

❶防弾チョッキ3型、❷新型デジタル迷彩作業服、❸9mm拳銃(SIGザウエルP220)、❹88式鉄帽

迷彩服装を着用した基地業務隊の隊員。写真の迷彩服装は1988年に採用されたもので、アメリカ軍のウッドランドに似たパターンだが独自の配色になっている。2010年頃からはデジタル迷彩パターンも登場している。迷彩服装は迷彩帽、迷彩服上下、迷彩鉄帽覆い、迷彩外衣などで構成される。

航空機の支援部隊の整備服装

航空機を安全に飛行させ、その性能を充分に引き出せるようにするためには様々な支援部隊が必要だ。航空自衛隊でその第一線に立つのが飛行隊整備隊で、主な業務には列線整備（フライト業務）と支援整備（ドック業務）がある。列線整備は飛行する直前の航空機の点検整備および帰ってきた航空機を再び点検する作業のこと。支援整備は航空機の定期点検のような作業だ。こうした業務に携わる航空機整備員が着用するのが専用の整備作業服。作業帽（識別帽）、作業服、作業靴で構成される。現行の専用整備服が制定されたのは1995年のことだ。

◀航空機整備員

イラストは整備補給群修理隊の航空機整備員。❶イヤープロテクター（騒音から耳を守るための装備。騒音の大きいエプロンで作業する整備員には欠かせない）、❷識別帽（作業や通常の勤務時などに使用されるベースボールキャップで、部隊ごとにデザインされたシンボルマークやエンブレムを刺繍してある。そのため帽子を見るだけで着用者の所属する部隊がわかる）、❸作業用ジャンパー（作業服の上に着用する防寒用の作業服外着。パイロットの航空服上着に似ているが、細部が異なっている）、❹腰袋（腰に付けるツールベルト。整備作業で使用するⓐドライバーなどの工具類、ⓑ整備マニュアルなどの収納袋、ⓒ備品収容袋、懐中電灯および収納袋などで構成されている）、❺作業服（セパレート式の整備服。冬季用と上着が半袖の夏季用があり、季節や作業内容により使い分けられている。航空機の整備作業では常に火災の危険があるため難燃性素材が使用されており、静電気の発生を防ぐ加工も施されている）、❻作業靴（丈夫な革を使い、つま先部分は作業中に重量物を落としたり、車両や航空機の車輪に轢かれたりしてもできるだけ足を守るように工夫してある）

[右] 機体を整備する1等空曹。航空機や搭載武器などの整備作業にあたる隊員用の特殊服装である整備服装を着ている。襟には1等空曹の略章が付けられている。上衣の右上腕部に付けているのは2011年のレッドフラッグ・アラスカへの参加を記念して作られたパッチ。レッドフラッグとは、アメリカ空軍とその軍事同盟国や友好国の空軍が参加して、アラスカ州エルメンドルフ空軍基地（またはネバダ州ネリス空軍基地）で開催される世界最大の空戦の軍事演習である。

航空自衛隊の階級章

航空自衛隊の階級章には甲階級章、乙階級章、階級章の略章がある。
ここでは甲階級章および階級章の略称を取りあげた。

▼甲階級章

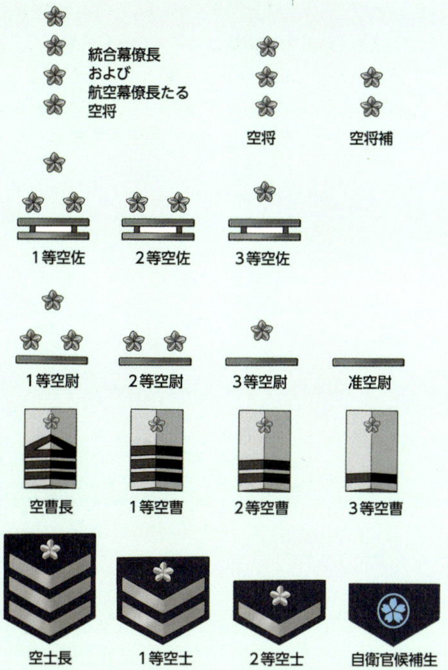

▼階級章の略章

略章は紺色の台地の上に階級章のシルエットを白糸で刺繍したもので、作業服や戦闘服に取り付ける

甲階級章は常装の冬服および第一種夏服の上衣に着用する階級章。将官は銀色桜章の個数、1等空佐から3等空尉までは銀色桜章と銀色短冊形章の組み合せ、准空尉は銀色短冊章のみ。幹部および准空尉は上衣の両肩に装着する。空曹長から3等空曹までは金属製台座に銀色桜章と黒帯の組み合わせで上衣の両襟に装着する。空士長から3等空士までは紺色の布製台座の上に金属製銀色桜章と銀糸刺繍の谷形章の組み合せになっており、上衣の左袖上腕部に付ける。なお、乙階級章は常装の夏服第二種および第三種や冬服の上衣の下に着るワイシャツのショルダーストラップに装着する。

航空自衛隊准曹士先任
（桜章4個）

編合部隊等准曹士先任
（桜章3個）

編制部隊等准曹士先任
（桜章2個）

編制単位群部隊等准曹士先任
（桜章1個）

編制単位部隊等准曹士先任
（桜章なし）

◀准曹士先任識別章

曹士の服務指導体制の強化、曹士に係る事項についての指揮官などへの報告や意見具申による組織の活性化、アメリカ軍などとの交流の活発化を目的としてできた制度を*曹士能力活用制度といい、航空自衛隊では准曹士先任と呼ばれる。准曹士先任は配置される部隊などにより5つに区分されており、配置された准曹士先任は准曹士先任識別章を着用する。

航空自衛隊准曹士先任は航空幕僚監部に、編合部隊等准曹士先任は航空総隊、航空支援集団、航空方面隊などの編合部隊に、編制部隊准曹士先任は航空団、航空救難団、飛行教育団、航空隊などの編制部隊に、編制単位群部隊准曹士先任は飛行群、航空気象群、整備補給群、警戒群などの編制単位群部隊群に、編制単位部隊准曹士先任は飛行隊などの編制単位部隊に、それぞれ配置された者。

＊曹士能力活用＝陸自では上級曹長制度、海自では先任伍長制度と呼ばれる。

坂本 明（さかもと あきら）

長野県出身。東京理科大学卒業。雑誌『航空ファン』編集部を経て、フリーランスのライター＆イラストレーターとして活躍。メカニックとテクノロジーに造詣が深く、イラストを駆使したビジュアル解説でミリタリーファンに支持されている。
著作に『最強 世界のスパイ装備・偵察兵器図鑑』『最強 世界のミサイル・ロケット兵器図鑑』『最強 世界の特殊部隊図鑑』（学研プラス）、共著に『最強！世界の未来兵器』（学研プラス）、『戦う女子！ 制服図鑑』（祥伝社）など多数。

［主要参考文献］

“MILITARY SWORDS OF JAPAN 1868-1945” Richard Fuller/Ron Gregory（ARMS & ARMOUR）、“THE GUARDS:BRITAIN'S HOUSEHOLD DIVISION” Simon Dunstan（Windrow & Greene PUBLISHING）、“THE GUARDS—CHANGING OF THE GUARD,TROOPING THE COLOUR,THE REGIMENTS”（Pitkin Guides）、『ミリタリーユニフォーム大図鑑』坂本明著（文林堂）、『戦争案内 ぼくは20歳だった』戸井昌造著（晶文社）、『近衛騎兵聯隊写真集』近衛写真集編纂委員会編著、『日本の軍装 1930～1945』中西立太著（大日本絵画）、『日本の軍装 幕末から日露戦争』中西立太著（大日本絵画）、『大日本帝国陸海軍 軍装と装備』（中田商店）、『図説 帝国海軍 旧日本海軍完全ガイド』野村実監修／太平洋戦争研究会編著（翔泳社）、『図説 帝国陸軍 旧日本陸軍完全ガイド』野村実監修／太平洋戦争研究会編著（翔泳社）、『陸海空自衛隊制服図鑑』内藤修・花井健朗編著（並木書房）、『よみがえる空—RESCUE WINGS 公式ガイドブック 航空自衛隊航空救難団の実力』（ホビージャパン）、『MAMOR（マモル）』各号（扶桑社）、「自衛官服装規則」（平成23年12月防衛省訓令第42号）、「海上自衛官服装細則」（平成23年4月海上自衛隊通達第11号）、「航空自衛官服装細則」（平成23年3月航空自衛隊通達第12号）

［参考ウェブサイト］

防衛省・自衛隊、陸上自衛隊、海上自衛隊、航空自衛隊、U.S. ARMY、U.S. DoD、U.S. NAVY、U.S. AIR FORCE、Ministry of Defense、BRITISH ARMY、ROYAL NAVY、ROYAL AIR FORCE、Ministère de la Défense、Armée de terre、Bundeswehr

［写真］

陸上自衛隊、海上自衛隊、航空自衛隊、U.S. AIR FORCE、U.S. NAVY、U.S. ARMY、U.S. DoD、Ministry of Defense、Armée de terre、Russian Ground Forces、Deutsche Marine

世界の軍装図鑑

2016年9月6日 第1刷発行

著 者：坂本 明

発行人：鈴木昌子
編集人：吉岡 勇

編集長：星川 武

装 幀：飯田武伸
本文デザイン：飯田武伸

発行所：株式会社 学研プラス
〒141-8415 東京都品川区西五反田2-11-8

印 刷：凸版印刷株式会社

［この本に関する各種お問い合わせ先］

◉電話の場合 ◎編集内容については TEL 03-6431-1508（編集部直通）
◎在庫、不良品（落丁、乱丁）については TEL 03-6431-1201（販売部直通）
◉文書の場合 〒141-8418 東京都品川区西五反田2-11-8 学研お客様センター『世界の軍装図鑑』係
▶この本以外の学研商品に関するお問い合わせは右記まで。 TEL 03-6431-1002（学研お客様センター）